46 亿年的奇迹

地球简史

日本朝日新闻出版 著

贺璐婷 北异 李波 译

显生宙
中生代
1

人民文学出版社
PEOPLE'S LITERATURE PUBLISHING HOUSE

冯伟民先生是南京古生物博物馆的馆长，是国内顶尖的古生物学专家。此次出版"46亿年的奇迹：地球简史"丛书，特邀冯先生及其团队把关，严格审核书中的科学知识，并作此篇导读。

"46亿年的奇迹：地球简史"是一套以地球演变为背景，史诗般展现生命演化场景的丛书。该丛书由50个主题组成，编为13个分册，构成一个相对完整的知识体系。该丛书包罗万象，涉及地质学、古生物学、天文学、演化生物学、地理学等领域的各种知识，其内容之丰富、描述之细致、栏目之多样、图片之精美，在已出版的地球与生命史相关主题的图书中是颇为罕见的，具有里程碑式的意义。

"46亿年的奇迹：地球简史"丛书详细描述了太阳系的形成和地球诞生以来无机界与有机界、自然与生命的重大事件和诸多演化现象。内容涉及太阳形成、月球诞生、海洋与陆地的出现、磁场、大氧化事件、早期冰期、臭氧层、超级大陆、地球冻结与复活、礁形成、冈瓦纳古陆、巨神海消失、早期森林、冈瓦纳冰川、泛大陆形成、超级地幔柱和大洋缺氧等地球演变的重要事件，充分展示了地球历史中宏伟壮丽的环境演变场景，及其对生命演化的巨大推动作用。

除此之外，这套丛书更是浓墨重彩地叙述了生命的诞生、光合作用、与氧气相遇的生命、真核生物、生物多细胞、埃迪卡拉动物群、寒武纪大爆发、眼睛的形成、最早的捕食者奇虾、三叶虫、脊椎与脑的形成、奥陶纪生物多样化、鹦鹉螺类生物的繁荣、无颌类登场、奥陶纪末大灭绝、广翅鲎的繁荣、植物登上陆地、菊石登场、盾皮鱼的崛起、无颌类的繁荣、肉鳍类的诞生、鱼类迁入淡水、泥盆纪晚期生物大灭绝、四足动物的出现、动物登陆、羊膜动物的诞生、昆虫进化出翅膀与变态的模式、单孔类的诞生、鲨鱼的繁盛等生命演化事件。这还仅仅是丛书中截止到古生代的内容。由此可见全书知识内容之丰富和精彩。

每本书的栏目形式多样，以《地球史导航》为主线，辅以《地球博物志》《世界遗产长廊》《地球之谜》和《长知识！地球史问答》。在《地球史导航》中，还设置了一系列次级栏目：如《科学笔记》注释专业词汇；《近距直击》回答文中相关内容的关键疑问；《原理揭秘》图文并茂地揭示某一生物或事件的原理；《新闻聚焦》报道一些重大的但有待进一步确认的发现，如波兰科学家发现的四足动物脚印；《杰出人物》介绍著名科学家的相关贡献。《地球博物志》描述各种各样的化石遗痕；《世界遗产长廊》介绍一些世界各地的著名景点；《地球之谜》揭示地球上发生的一些未解之谜；《长知识！地球史问答》给出了关于生命问题的趣味解说。全书还设置了一位卡通形象的科学家引导阅读，同时插入大量精美的图片，来配合文字解说，帮助读者对文中内容有更好的理解与感悟。

因此，这是一套知识浩瀚的丛书，上至天文，下至地理，从太阳系形成一直叙述到当今地球，并沿着地质演变的时间线，形象生动地描述了不同演化历史阶段的各种生命现象，演绎了自然与生命相互影响、协同演化的恢宏历史，还揭示了生命史上一系列的大灭绝事件。

科学在不断发展，人类对地球的探索也不会止步，因此在本书中文版出版之际，一些最新的古生物科学发现，如我国的清江生物群和对古昆虫的一系列新发现，还未能列入到书中进行介绍。尽管这样，这套通俗而又全面的地球生命史丛书仍是现有同类书中的翘楚。本丛书图文并茂，对于青少年朋友来说是一套难得的地球生命知识的启蒙读物，可以很好地引导公众了解真实的地球演变与生命演化，同时对国内学界的专业人士也有相当的借鉴和参考作用。

冯伟民

2020 年 5 月

CONTENTS
目录

恐龙出现

2 亿 5217 万年前—2 亿 130 万年前
［中生代］

中生代是指 2 亿 5217 万年前—6600 万年前的时代，是地球史上气候尤为温暖的时期，也是恐龙在世界范围内逐渐繁荣的时期。

—顾问寄语—

北海道大学综合博物馆副教授　小林快次

恐龙，可以说是陆生脊椎动物中进化最成功的一个群体。

曾经称霸陆地的它们，不仅种类很多，体形多样，还成功实现了巨型化。

这些恐龙是如何出现在地球上的呢？

持续了将近 1 亿 7000 万年的恐龙时代又是如何开场的呢？

解谜的钥匙就藏在三叠纪这一时期中。

让我们在回顾三叠纪世界的同时，一起看看恐龙时代的开端吧！

恐 龙 诞 生 的 大 地

阿根廷伊沙瓜拉斯托省立公园被誉为"所有古生物学家梦寐以求的土地"。这里的地层记载了始于2亿5217万年前的三叠纪时期的地质沉积过程。正是在这个时期，地球史上最有名、也最让人为之着迷的古生物——恐龙登场了。特别值得一提的是，伊沙瓜拉斯托省立公园出产了最早期的恐龙化石。这片荒凉的大地，记录着那个空前的恐龙时代的开端。

伊沙瓜拉斯托省立公园

伊沙瓜拉斯托省立公园位于阿根廷圣胡安省，面积约 600 平方千米。这里保存着丰富的三叠纪时期的地层。三叠纪是中生代的第一个纪，而中生代又被称为恐龙时代。2000 年，伊沙瓜拉斯托省立公园和相邻的塔拉姆佩雅国家公园一起被列入《世界遗产名录》。

恐龙登场前的生存竞争

捕食者来袭，形似狮子但毛发稀少的动物发出了惨叫声。它们就是麝齿兽，与哺乳动物的祖先是近亲。图中的捕食者名为蜥鳄，虽然形似恐龙，却是鳄类祖先的近亲，是一种镶嵌踝类爬行动物。在导致 90% 以上的物种灭绝的二叠纪末大灭绝事件发生后不久，地球上的生物开始复苏，多种多样的物种之间的生存竞争再次上演。提到这个时期时无法回避的主角稍后终于登台亮相。三叠纪晚期，最早期的恐龙出现了。地球上的生态系统发生了进一步的变化。

单孔类的复兴

恐龙时代的开端要从大灭绝事件的幸存者说起

地球史上规模最大的物种灭绝事件发生后，古生代二叠纪落下了帷幕，中生代三叠纪开始了。然而，恐龙并不是一开始就存在的。中生代被称为恐龙时代。

生存于泛大陆的见证者

二叠纪末，规模空前的大灭绝事件使得 90% 的物种消失，幸存者寥寥无几。然而，哪怕被逼到了这样的绝境，生物还是再次迎来了繁荣。距今 2 亿 5217 万年前，人们心目中的恐龙时代——中生代开始了。按时间先后顺序，中生代分为三叠纪、侏罗纪和白垩纪 3 个时期。恐龙当主角的时期是侏罗纪和白垩纪，三叠纪刚开始的时候，恐龙还没有出现。

起初在生态系统中唱主角的，是二叠纪时期单孔类的幸存者，如二叠纪末出现的全长约 1 米的单孔类动物水龙兽，它在大灭绝事件中逃过一劫。研究人员在非洲、亚洲、欧洲和南极洲等地都有发现它的化石。这说明，水龙兽适应了当时的环境，并达到了一定程度的繁荣，同时也证明，这些大陆曾经连成一片。以泛大陆这块超级大陆为舞台，恐龙时代逐渐拉开了帷幕。

一部分生物在二叠纪末的大灭绝事件中侥幸逃过一劫。

泛大陆和水龙兽

图为泛大陆风景的想象图。来自
海洋的湿润气流无法抵达泛大陆
的内陆地区，以致这里到处都是
荒野。然而，即便是在这样的内
陆地区，单孔类动物的分布范围
依然很广。它们中的一部分通过
在地里挖洞穴筑巢来生存。

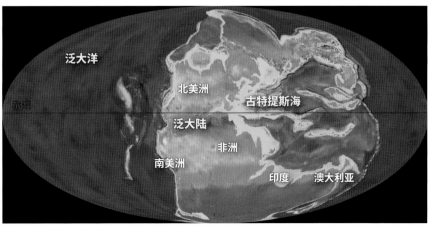

🌑 三叠纪时期的大陆分布情况

三叠纪时期，地球上曾存在一个超级大
陆——泛大陆，生存于那个时期的陆生脊椎
动物的化石在现今的各个大陆上都有发现
便证明了这一点。对于二叠纪末大灭绝事
件后幸存的生物来说，泛大陆是全新的舞
台。据推测，泛大陆的存在时期约在3亿年
前—2亿年前。与地球的历史相比，这段时
间不算很长，但正是在这一时期，海洋和
陆地的生态系统开始变得丰富和复杂。

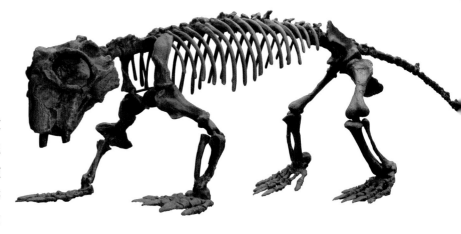

水龙兽 | *Lystrosaurus* | 的全身骨骼

水龙兽是一种短手短脚的单孔类动物。研究认为，它们虽然拥有长长的犬齿，但并不是肉食性动物，而是植食性动物。水龙兽是主要繁荣于二叠纪晚期的二齿兽类的幸存者。

现在我们知道！

三叠纪初，繁荣的其实是哺乳类的祖先

大灭绝后的"黎明"

三叠纪拉开帷幕时，在超过90%的物种灭绝的海洋中，三叶虫类消失了，腕足动物[注1]沉寂了，被称为"海底花园"的海百合类[注2]等也遭到了巨大的打击，而双壳类和腹足类的亲戚、古生代时期繁荣一时的菊石类却开始了新一轮的势力扩张。这回繁荣的，是和古生代时期不同的类型。

陆地上，无脊椎动物中的昆虫类遭到重创，很多类群就此消失。脊椎动物也损失惨重，部分地区的物种灭绝率达到70%。曾在二叠纪繁荣一时的大型单孔类动物也几近消失，仅有部分类群[注3]得以幸存。

三叠纪时期，陆地进入"三足鼎立"的时代。幸存的单孔类动物并没有繁荣太久。很快，鳄类的祖先所属的镶嵌踝类开始崛起，同时，恐龙也出现了。在泛大陆上展开的生存竞争中，单孔类动物最先沦为了配角。

恐龙崛起前最后的大型化

单孔类指的是头骨眼窝后侧有一个颞颥孔的动物类群。既然有"单"孔类，也就有"双"孔类。后者眼窝后侧有两个颞颥孔，包含恐龙在内的爬行动物都是双孔类。

尽管单孔类动物在三叠纪晚期沦为配角，但只要说起三叠纪时期的世界，就必须提到它们。

比如，在约2亿2700万年前的三叠纪晚期，生活在阿根廷的伊沙瓜拉斯托兽，就是一种全长达3米的大型植食性单孔类动物。它们拥有巨大的嘴，虽然没有牙齿，但会用嘴的边缘切断植物来吞食。

伊沙瓜拉斯托兽是大型植食性单孔类动物繁荣的代表。此后，直至恐龙灭绝，单孔类动物中再也没有出现过如此大型的物种。在单孔类动物的前半部历史中，伊沙瓜拉斯托兽是最后的大型植食性动物。

伊沙瓜拉斯托地层

伊沙瓜拉斯托位于阿根廷西北部，是绵延在安第斯山下荒凉沙漠中的峡谷。这里密集分布着三叠纪晚期的各种化石，是研究哺乳动物进化的重要场所。

锁定粪化石的主人可不是一件容易的事！

新闻聚焦

三叠纪的"公共厕所"被发现！

部分具有社会性的现生哺乳动物有"公共厕所"，即大家会在一处排泄。很长一段时间内，相关的证据仅在新生代以后的哺乳类中发现过。

然而，2013年11月，在阿根廷的三叠纪地层中，学者们发现了应该是属于单孔类动物的"公共厕所"。这表明，后世的哺乳类所拥有的社会性，可能在三叠纪的单孔类动物身上就已经出现了。

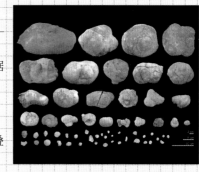

图为大小不一的粪化石。这些化石『主人』的体形可能有大有小

三叠纪时期种类繁多的单孔类动物

三叠纪时期的单孔类动物大部分为二齿兽类和犬齿兽类,在多样化的同时,也出现了大型化的种类。因为恐龙等动物的兴盛,三叠纪时期结束时,单孔类动物只剩下体形变得很小的1～2个种类。

伊沙瓜拉斯托兽
| *Ischigualastia*

比水龙兽晚数千万年出现的植食性二齿兽。全长2～3米,成功实现了体形大型化。

前贝莱齿兽
| *Probelesodon*

全长约30厘米的肉食性犬齿兽。研究认为,它们可能是类似于现生鼠类的动物,以蜥蜴和昆虫为食。

奇尼瓜齿兽
| *Chiniquodon*

全长约1米的肉食性犬齿兽。它们拥有尖锐的犬齿、臼齿等多样而发达的牙齿,是一种活跃的捕食者。

后来,单孔类动物中诞生了哺乳类

三叠纪晚期,单孔类动物在陆地生态系统中的主导地位岌岌可危。这时,它们之中发生了一件大事。在体形较小、恐怕还是在夜间活动、以捕食昆虫勉强度日的一个类群中,最原始的哺乳类诞生了。人类的老祖宗就此登场。不同于其他单孔类动物,它们的四肢垂直于身体,能够敏捷地活动。有学者推测,当时的它们已经具备了内温性[注4]。

此后,它们在恐龙的阴影下繁衍生息,与恐龙进行生存竞争,并等待着将来再次崭露头角。

近距直击

"三叠纪"得名于"三种地层"

"三叠纪"的英文名称是"Triassic Period"。"Tri"这一前缀的意思是"3"。19世纪,人们给各个地质年代命名,其间在德国发现的"三种地层"相叠的岩系吸引了人们的目光。于是,这个地层对应的地质年代便被命名为"三叠纪"。

在德国黑尔戈兰岛可以找到"三种地层"中最底下的一层

科学笔记

【腕足动物】 第10页注1
腕足动物有2枚壳,大小不一,但单个壳左右对称,这与双壳类两个壳相同但单个壳左右不对称明显不同。现在的舌形贝就是腕足动物。

【海百合类】 第10页注2
虽然名叫"百合",但其实与海星、海胆等同属棘皮动物。海百合曾兴盛于古生代海洋中,石炭纪时期达到鼎盛。现在生存在深海。

【部分类群】 第10页注3
在二叠纪末大灭绝事件中幸存的单孔类包括二齿兽类、兽头类、犬齿兽类等。其中,犬齿兽类是哺乳动物的祖先。

【内温性】 第11页注4
动物通过自身体内的代谢产生体温的特性。以往的"温血性""恒温性"表达的也是同样的意思,但从科学角度来看,这两者并不准确,所以近些年已不再使用。与内温性相对的是外温性。

单孔类

单孔类是由原始的盘龙类和进化程度更高的兽孔类组成的类群。单孔类在二叠纪时期曾经相当繁荣，最终因大灭绝事件而逐渐衰落。幸存下来的部分单孔类和双孔类展开了生存竞争。

兽孔类

从二叠纪繁荣至三叠纪的单孔类动物，化石遍及各个大陆。虽然它们中的大部分在三叠纪末之前灭绝了，但犬齿兽类中的一部分一直存活到了白垩纪早期。

盘龙类

单孔类动物的早期类群。盘龙类不是一支单一系统的类群，而是为了便于分类命名的并系群。它们最早出现于石炭纪晚期，至二叠纪末全部灭绝。

3亿5890万年前

石炭纪

2亿9890万年前

古生代

二叠纪

靡齿兽
Exaeretodon

三叠纪时期的单孔类动物，是成为哺乳动物祖先的犬齿兽类的一员。全长1.5~2米，杂食性。不仅有磨碎食物的臼齿，还有獠牙一样的犬齿，牙齿的进化程度较高。

犬齿兽类

兽头类

丽齿兽类

二齿兽类

恐头兽类

巴莫鳄类

楔齿龙类

基龙类

蛇齿龙类

蜥代龙类

卡色龙类

2亿5217万年前

三叠纪

中生代

哺乳类

2亿130万年前

哺乳类

三叠纪时期，从犬齿兽类中分化而来。此后，哺乳类虽然也经历过多样化，但很大一部分都灭绝了。存活至今的哺乳动物可分成三大类，分别是有胎盘类（例如人类）、有袋类（例如袋鼠）和单孔类（例如鸭嘴兽）。

侏罗纪

假如二叠纪末的大灭绝事件没有发生……

二叠纪时期，位居生态系统顶端的是单孔类，而演化出镶嵌踝类和恐龙等的双孔类只是配角。后者之所以能在三叠纪以后获得主导地位，最主要的原因不外乎二叠纪末的那场大灭绝。假如没有这起大灭绝事件，或许单孔类会继续统治地球，恐龙可能也就不会登场，即使登场，也不会大型化。不过，以上都只是推论，很难找到科学依据。

二叠纪晚期的肉食性单孔类动物雷塞兽。如果二叠纪末没有发生大灭绝事件，或许三叠纪时期称霸陆地的就是这样的动物了

原理揭秘

经历大灭绝事件后动物的发展轨迹

双孔类

包括恐龙、鳄类、鸟类、鱼龙、翼龙和蜥蜴等在内的类群。二叠纪时期，双孔类的体形较小，进入三叠纪后变得多样化，三叠纪末出现了大型种类。

富伦格里龙
Frenguellisaurus

三叠纪晚期临近结束时的双孔类动物，是最原始的恐龙。研究认为，富伦格里龙是全长约6～7米的巨型肉食性恐龙，在它们当时的栖息范围内，位居食物链的顶端。

二叠纪末的物种大灭绝

二叠纪末，地球上火山剧烈喷发，岩浆淹没了面积超过日本列岛5倍的地区。加之极度寒冷、海洋缺氧等因素，超过50%的四足动物和90%的无脊椎动物就此灭绝。究其成因，有一种观点认为，泛大陆这一超级大陆的形成导致海洋地壳大量沉降，使得位于地球中心的地核发生了变化。

油页岩蜥类

韦格替蜥类

浮龙类

主龙类

杨氏蜥类

蜥蜴类

蜥蜴类
从三叠纪晚期开始种类逐渐增加，此后一直没有灭绝，延续至今。

主龙类
包括鳄鱼的祖先镶嵌踝类、恐龙、翼龙类等在内的类群。它们从三叠纪初开始数量激增，跃居生态系统的顶点。鸟类也属于主龙类，现生鸟类的种类比哺乳类还多。

据推测，二叠纪末的大灭绝事件导致地球90%以上的物种灭绝，极大地改变了生命的进程。此前繁荣的单孔类动物，大多数就此走向衰落，而鳄类的祖先和恐龙等所属的双孔类动物则开始了多样化，空前繁荣的恐龙时代从此拉开帷幕。单孔类和双孔类，这两大四足动物群体的主角地位是如何更替的？让我们一起来看看它们的发展轨迹吧！

鳄类的霸权

恐龙？不不不，是镶嵌踝类爬行动物。

鳄鱼的祖先曾经握有霸权

三叠纪时期，占据生态系统主角之位的动物频繁更替。单孔类动物之后，镶嵌踝类动物成了主角，其体形大到超乎人们的想象，是鳄类祖先的近亲。

外形酷似暴龙

巨大的头骨宽阔而坚固，嘴里排列着粗壮而尖锐的牙齿。这副化石让人不禁想起1亿多年后才出现的肉食性恐龙——暴龙。

然而，这副化石并不是暴龙的，甚至根本不属于恐龙，而属于登上三叠纪晚期生态系统顶端的镶嵌踝类动物——蜥鳄。它全长达5米，巨大的体形甚至超过了当时最大的单孔类动物伊沙瓜拉斯托兽。

镶嵌踝类是爬行动物（双孔类）中的一个类群。现生鳄类的祖先就属于这个类群。以蜥鳄为代表，这一类群的动物乍一看与鳄类很相像。然而，现生鳄鱼的四肢是向水平方向生长的，而镶嵌踝类的四肢则笔直往下生长。从这一点上来看，它们的差别很大。

研究认为，出现于三叠纪早期的镶嵌踝类拥有较高的代谢能力，因而能够相当活跃地四处行动。于是，到了三叠纪中期，它们成功地从单孔类手中夺走了当时生态系统的主角地位。

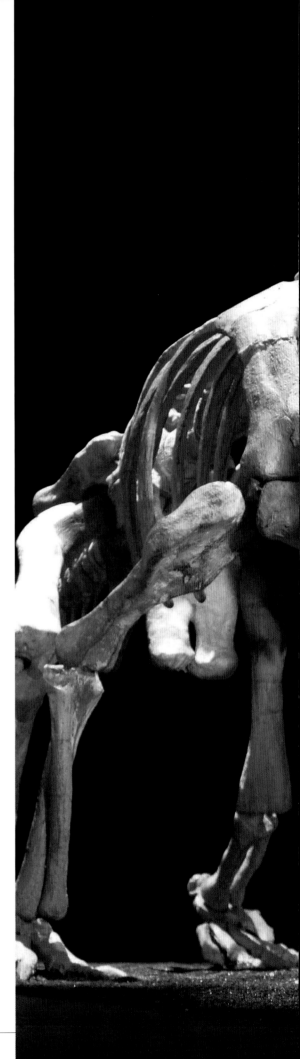

镶嵌踝类蜥鳄｜*Saurosuchus*｜的
全身复原骨架

化石发现于阿根廷伊沙瓜拉斯托省立公
园。长达 60 厘米的巨大而强有力的头骨，
让人不禁联想到后来出现的暴龙。

现在我们知道！

三叠纪时期那些形态各异的鳄鱼祖先

鳄鱼的祖先强盛的时代

二叠纪末的大灭绝事件之后，拉开帷幕的三叠纪开始生态系统的重建，迎来了恢复期。大灭绝事件使得地球上的生态系统重新洗牌，各种新类群像是要抓住这个良机似的逐个登场，向前进化。

就这样，三叠纪时期的陆地上，出现了单孔类、镶嵌踝类和恐龙"三足鼎立"的局面。这三者之中，在"势力"上抢先取得优势地位的是镶嵌踝类。

而在镶嵌踝类中，形似暴龙[注1]的蜥鳄及其近亲的存在感尤其强。研究认为，当时的蜥鳄和其近亲的实力是压倒性的，以致它们的竞争对手，特别是恐龙，无法实现大型化。

事实上，这个时代的大部分恐龙，与之后的侏罗纪和白垩纪的恐龙[注2]相比，体形明显小很多。

也许，蜥鳄和它的同类还在的时候，恐龙只能甘拜下风。

形似恐龙的种类也出现过

三叠纪时期，镶嵌踝类演化出了多种多样的形态。有的背上长着帆状物，有的尽管在分类上并不属于鳄类，也不是鳄类的祖先，却长得酷似鳄鱼。

此外，当时的镶嵌踝类中，还出现了外形看上去和后世的恐龙极为相似的种类。

例如岩鳄，根据现生鳄鱼的外形，你绝对想不到镶嵌踝类中居然有这样的成员：能用细长的后肢进行两足行走，颈部长，头部小，而且下颚没有牙齿。

这些特征和1亿多年后的白垩纪时期才出现的似鸟龙非常相似。似鸟龙也被称为"鸵鸟型恐龙"，外形和鸵鸟相似，跑起来速度非常快，号称"跑得最快的恐龙"。

岩鳄虽是镶嵌踝类的一员，但或许也和似鸟龙一样，在三叠纪的陆地上奔跑过。不同的生物在相似的环境和生态下演化出相似的形态特征，这种现象称为趋同演化[注3]。

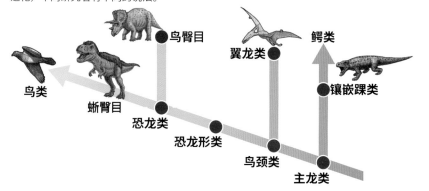

蜥鳄的复原想象图

在约2亿2800万年前的三叠纪晚期，蜥鳄曾处于生态系统的顶端。与现生鳄鱼不同，蜥鳄的四肢直立，说明它可能有一定的奔跑能力。研究认为，它能够用长长的锯齿状的牙齿捕食麛齿兽等大型动物。

地球进行时！

镶嵌踝类与现生鳄鱼有什么区别？

现生鳄类的祖先来自镶嵌踝类，但镶嵌踝类并不等同于鳄类。那么，到底是哪里不同呢？

它们之间较大的区别之一是四肢的生长方向。除此以外，它们的栖息地也大不相同。与曾经在世界范围内达到繁荣的镶嵌踝类不同，现生鳄鱼的栖息地局限于水边。或许可以这样说，镶嵌踝类中的一支发生了进化，变成"水边猎人"，也就是现生鳄类。

图为主要生活在河流、湖泊等淡水水域中的澳洲淡水鳄

🔲 鳄类在进化树上处于什么位置？

下图标示出了鳄类在主龙类（爬行类中的鳄类、恐龙和鸟类等所属的类群）的进化过程中所处的位置。在鳄类登场前，已经出现了各种各样的镶嵌踝类。不过，关于镶嵌踝类的进化，不同研究者有不同的说法。

鸟类　鸟臀目　蜥臀目　翼龙类　鳄类　恐龙类　镶嵌踝类　恐龙形类　鸟颈类　主龙类

■ 疾走型镶嵌踝类与恐龙的比较

虽然各自属于不同的类群，但两者都有着长长的颈部、没有牙齿的嘴、小小的头部、适合快速奔跑的纤瘦轻盈的体态和长长的后肢。

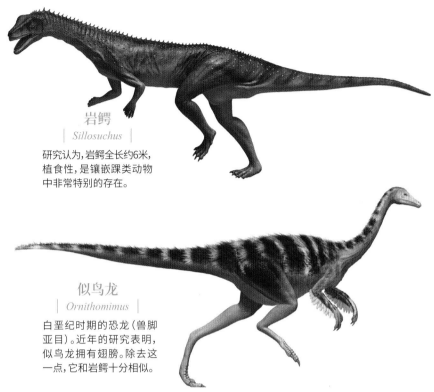

岩鳄
| *Sillosuchus*

研究认为，岩鳄全长约6米，植食性，是镶嵌踝类动物中非常特别的存在。

似鸟龙
| *Ornithomimus*

白垩纪时期的恐龙（兽脚亚目）。近年的研究表明，似鸟龙拥有翅膀。除去这一点，它和岩鳄十分相似。

也吃植物的鳄鱼的近亲

现生鳄类全都是肉食性的。体形较小的种类以小鱼和昆虫等为食，体形较大的种类有时还会袭击人类。

不过，鳄类的祖先所属的镶嵌踝类似乎不全是肉食性动物，也有以植物为食的种类，其中一种是以锹鳞龙属为代表的坚蜥类。全身包括尾巴在内都覆盖着厚厚的皮肤是锹鳞龙属的特征。它们嘴巴较小，长有菱形的牙齿，适应以植物为食的生活。

既有大型的肉食性动物，又有能够敏捷奔跑的动物，还有以植物为食的动物，三叠纪时期，镶嵌踝类有各种各样的生存状态，可以说这是它们的黄金时代了。

后来，现生鳄鱼诞生了

正处于繁荣期的镶嵌踝类中，不久出现了进化为现生鳄鱼的类群，这就是鳄形超目[注4]。不过，鳄形超目和其他镶嵌踝

■ 近距直击

与恐龙展开殊死搏斗的巨型鳄鱼

在三叠纪之后的侏罗纪和白垩纪，鳄类逐步实现了大型化。据推测，生活在约7900万年前北美大陆的恐鳄全长可达10米以上，是史上最大的鳄鱼。在同一地区发现的大型暴龙科肉食性恐龙阿尔伯塔龙的化石骨骼上有恐鳄的齿印，说明它们之间或许曾发生过激战。

恐鳄对阿尔伯塔龙发起攻击的想象图

鳄鱼和恐龙虽然同为爬行动物，却属于完全不同的类群。

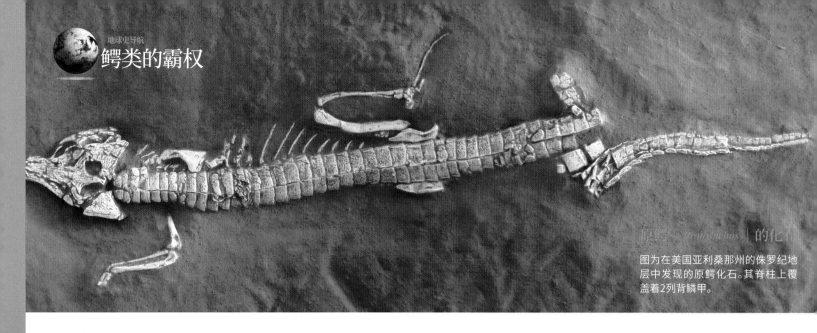

图为在美国亚利桑那州的侏罗纪地层中发现的原鳄化石。其脊柱上覆盖着2列背鳞甲。

原鳄的复原图

原鳄被认为是最古老的鳄鱼。它虽然也有背鳞甲，但能够直立行走，其形态与现生鳄类相比有较大差别。

类在外表上看起来并没有太大的区别：四肢依然直直地长在身体下方，并且能够直立行走。

鳄形超目在三叠纪晚期出现，其代表性动物是在美国、加拿大和南非等地都有化石发现的原鳄。研究发现，原鳄全长约1米，四肢笔直地在身体下方生长，直立行走，在陆地上生活。它的头部较宽，长相已经相当接近鳄鱼。此外，背上长有坚硬的鳞甲，提高了它的防御力。不过，现生鳄鱼的背鳞甲一般有6列，而原鳄的只有2列。

鳄形超目出现后，不断进化，最终出现了现生鳄类。

三叠纪末发生了物种大灭绝事件，大部分镶嵌踝类就此灭绝。之后，恐龙成为陆地生态系统的主角。鳄形超目在大灭绝中幸存了下来，依然和恐龙进行着生存竞争。

科学笔记

【暴龙】 第16页 注1
在很久以后的中生代白垩纪末（距今约7000万年，距离三叠纪末约1亿3000万年）才出现在北美大陆上的恐龙，是众所周知的大型肉食性恐龙，全长可达12米。

【侏罗纪和白垩纪的恐龙】
第16页 注2
到了侏罗纪和白垩纪，大型恐龙陆续出现。其中不乏全长超过30米的巨型植食性恐龙。与此同时，全长仅数十厘米的小型种类也越来越多。

【趋同演化】 第16页 注3
即使是亲缘关系很远的生物，在栖息环境的影响下，主要与运动方式、食性等生态相关的器官形状乃至全身的样貌会逐渐变得相似，这种现象称为趋同演化。例如，鱼类中的鲨鱼和哺乳类中的海豚，虽然骨骼构造不同，但都有适合游泳的流线型身体。

【鳄形超目】 第17页 注4
这个类群的成员并不都是现生鳄类。在鳄形超目身上可以看到一些进化趋势，比如鼻孔的位置逐渐变高，这样一来，就能够潜伏于水中捕猎。

近距直击

鳄类的鳞片越来越多了

鳄类背上的背鳞甲有保护背部的作用。其历史最早可以追溯到侏罗纪时期原鳄的2列背鳞甲，随后经过白垩纪时期的伯尼斯鳄的4列，逐渐增加到现在的6列。研究认为，这意味着在提升背鳞甲所带米的防御能力的同时，通过分割使得身体变得更加柔软。身体变柔软了，但防御能力依然很高。现生鳄类就是这样可怕的存在。

图为白垩纪时期出现的伯尼斯鳄的骨骼化石。可以看出有4列背鳞甲

镶嵌踝类呼吸系统的进化

比较恐龙与镶嵌踝类

三叠纪晚期的恐龙与镶嵌踝类相比，哪一方更优秀？这很难考量。本文从呼吸的角度尝试对两者进行比较。

是否拥有与现生鸟类相似的含气骨，可以作为考量恐龙优秀性的特征。鸟类的骨骼是中空的，这不仅使它们的身体变得轻盈，还让它们拥有了独特的呼吸系统。

在含气骨的中空部分有被称为气囊的袋状物。气囊遍布全身，大致可分为前气囊和后气囊。吸进体内的新鲜空气首先送达后气囊，随后在经过肺部时进行气体交换。二氧化碳含量较高的空气通过肺储存在前气囊中直接排出体外。这样的构造使得通过肺部的空气总是新鲜的，而且单向流动的气流使血液能够更高效地吸收氧气排出二氧化碳。这样的呼吸系统被称为气囊呼吸系统。不仅是鸟类，恐龙（特别是兽脚亚目和蜥脚亚目）身上也有这样的特征，也就是说，恐龙能高效地吸收氧气。

■ 美国短吻鳄的呼吸系统

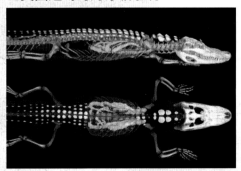

吸入体内的空气首先进入背部支气管（蓝色部分），接着经过肺管进行气体交换，然后到达腹部支气管（绿色部分）排出体外。

■ 恐龙和鸟类的呼吸系统

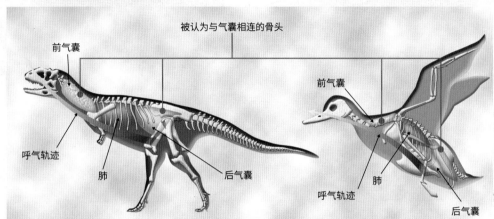

被认为与气囊相连的骨头

前气囊

前气囊

呼气轨迹

肺

后气囊

呼气轨迹

肺

后气囊

在气囊呼吸系统中，吸入体内的空气首先被送达后气囊，然后经过肺部及前气囊，排出体外。研究认为，恐龙和鸟类都是通过这样的构造进行呼吸的。

2010年，《科学》杂志刊登了一项令人震惊的研究成果。研究人员在对镶嵌踝类的一员——现生鳄类的呼吸系统进行研究时，发现它们尽管没有含气骨，但也是通过单向气流进行呼吸的，拥有与气囊呼吸系统相似的呼吸方法。

爬行动物惊人的呼吸系统

那么，问题来了，曾与恐龙争夺过生存空间的镶嵌踝类是否也拥有这样的气囊呼吸系统呢？2012年，科学家开始研究坚蜥类和波波龙类等三叠纪时的镶嵌踝类是否拥有含气骨。研究表明，镶嵌踝类的骨骼虽然不是含气化的，但可能拥有气囊。这项研究虽然无法断定镶嵌踝类拥有气囊系统，但揭示了一定的可能性。也就是说，三叠纪时期的镶嵌踝类虽然没有到恐龙那样的程度，但也拥有优秀的呼吸系统。更令人惊讶的是，2013年，《自然》杂志刊登了一项研究成果，认为比鸟类、恐龙和鳄类更原始的爬行动物平原巨蜥也是通过单向气流进行呼吸的。平原巨蜥是生活在非洲的蜥蜴，全长约1米，在非洲巨蜥家族中，体形算是比较小的。

有人认为，鳄类、巨蜥类等之所以也有类似气囊呼吸系统的单向气流呼吸方法，其原因可以追溯到2亿5000万年前，当时空气中的含氧量较低，只有12%。这种特殊的呼吸系统可能是在当时严酷的环境下演化出来的构造。不只是恐龙，鳄类和其他爬行动物也各自发生了演化。

小林快次，1971年生，1995年毕业于美国怀俄明大学地质学专业，获得地球物理学科优秀奖。2004年在美国南卫理公会大学地球科学科取得博士学位。主要从事恐龙等主龙类的研究。

恐龙出现

空前绝后的恐龙时代
从小型恐龙起步

三叠纪晚期，在体形巨大的鳄类祖先所统治的陆地上，恐龙终于出现了。不久后将成为地球上最繁荣的物种的它们，刚登场的时候并不是生态系统的主角。

曙奔龙
Eodromaeus

拥有边缘呈锯齿状的牙齿，属于肉食性恐龙。化石刚发现的时候，曙奔龙被当成了始盗龙，但后来被证明是新的物种。全长1～1.2米。

早期的恐龙
只有大型犬那么大

回顾地球的生物史，每个时代都有各自的主角。在约4亿4340万年前开始的志留纪，全长超过2米的海蝎是食物链的霸主。约4亿1920万年前开始的泥盆纪，因巨型甲胄鱼的繁荣而被称为"鱼的时代"。到了三叠纪晚期，地球的新主角登场了。

使直立行走成为可能的匀称身型、修长的尾巴、锐利的牙齿和钩爪……在种类繁多的古生物中，最能激起大众好奇心的动物，非恐龙莫属。

从三叠纪到白垩纪，持续了约2亿年的中生代也被称为恐龙时代。顾名思义，几乎整个中生代，地球的生态系统都处于恐龙的统治之下。不过，刚登场的时候，恐龙的全长大多只有1米左右。在全长达5米的蜥鳄等镶嵌踝类威风八面的三叠纪生态系统中，恐龙还只是配角。恐龙是如何开启属于自己的新时代的呢？

大家期待已久的恐龙终于要登场了！

小型植食性恐龙。研究认为，它们跑得很快，能有效地躲避肉食性恐龙的追杀。全长约1米。

皮萨诺龙

| Pisanosaurus |

拥有杀伤力较强的尖锐牙齿和钩爪，既有适合肉食的牙齿，也有适合植食的牙齿，可能是杂食性恐龙。全长约1米。

始盗龙

| Eoraptor |

钩爪，既有适合肉食的牙齿，也有适合植食的牙齿，可能是杂食性恐龙。全长约1米。

21

恐龙繁荣的前兆

早期恐龙身上已出现

恐龙是在什么时候、从哪里诞生的呢？2000年波兰南部发现的化石，为此提供了线索。

恐龙诞生前夕出现的恐龙形类是什么？

研究人员在约2亿5000万年前的岩石表面发现无数凹凸不平的痕迹。这是生活在三叠纪早期的原旋趾蜥的足迹化石。从足迹的大小和间距可以推测出它的外形，用一句话概括，就是"四肢异常长的蜥蜴"。这种动物，属于被认为是恐龙前身的类群——恐龙形类爬行动物。

三叠纪中期，恐龙形类在世界范围内均有分布。到了三叠纪晚期，从恐龙形类中演化出了"三叠纪三巨头"中最

始盗龙

始盗龙的牙齿虽小却尖锐，而且牙齿尖端略向内弯曲。这样的牙齿被认为是不让捕获的猎物逃跑而形成的"倒钩"，是肉食性的证据。不过，它们也拥有在植食性恐龙身上能看到的带锯齿的勺状牙齿。

原旋趾蜥 | Prorotodactylus |

下图为原旋趾蜥的想象复原图。它们是最古老的恐龙形类动物。和恐龙一样，它们也具有四肢生长于身体正下方等特征。

原旋趾蜥的足迹化石
足迹约几厘米长，可以想象足迹的主人曾经多么活跃地来回走动过。这些足迹化石在波兰圣十字山脉被发现。

后出场的动物——恐龙。

从最原始的恐龙身上看恐龙繁荣的征兆

多样性是恐龙的一大特征。史上最大也最强的陆生肉食性动物——暴龙、全长超过30米的史上最大陆生植食性动物——阿根廷龙、最适应植食的恐龙——三角龙……繁荣期历时1亿7000万年的恐龙，演化出了多种多样的种类。而在三叠纪晚期的阿根廷伊沙瓜拉斯托地层中，已知的最早期的恐龙只有7种。它们中的大部分全长只有1米左右，用两足行走，长得非常相似，从远处基本看不出差别。

我们很难将这样的早期恐龙和丰富多彩的后期恐龙联系到一起。然而，

仔细查看它们的身体构造就能清晰地辨识出变化的前兆。

始盗龙的牙齿既适应肉食也适应植食，这与阿根廷龙等所属的蜥脚亚目[注1]恐龙很相似。曙奔龙完全是肉食性的，而且颈部的骨头也是中空的，与暴龙等兽脚亚目[注2]恐龙有着相同的特征。两者尽管看上去非常相似，分类却不同，始盗龙是原始的蜥脚亚目，而曙奔龙是原始的兽脚亚目。此外，皮萨诺龙为适应植食牙齿发生了特化，被认为是三角龙等所属的鸟臀目[注3]中最原始的种类。

也就是说，恐龙出现在地球上不久后，就静悄悄地为多样化做起了准备。暴龙、阿根廷龙等恐龙时代的明星们就是从这些细微的差异中慢慢演化而来的。

鸟臀目
角龙、剑龙等多种植食性恐龙所组成的类群。

蜥脚亚目
长度可达数十米的大型植食性恐龙类群。

兽脚亚目
暴龙等肉食性恐龙所属的类群。

三角龙　剑龙　皮萨诺龙
阿根廷龙　迷惑龙　始盗龙
暴龙　异特龙　曙奔龙

白垩纪·侏罗纪　　三叠纪晚期　　三叠纪中期

○ 恐龙的分类

恐龙大致可分为鸟臀目、蜥脚亚目和兽脚亚目三大类。三叠纪时期，这三大类都已登场，且出现了多种类群。

莱森龙 | *Lessemsaurus* | 的复原图（右）

莱森龙是全长约18米的大型植食性恐龙。这个长度相当于新干线N700系车头的2/3。左边的法索拉鳄全长约10米，是体形最大的镶嵌踝类之一。有学者认为，它们之间曾经展开过对战。

哪个才是恐龙？傻傻分不清楚。

镶嵌踝类灭绝——
铺就了恐龙繁荣之路

三叠纪接近尾声的时候，动物逐渐大型化。称霸生态系统的是全长10米左右的镶嵌踝类。虽然也出现了莱森龙这种全长约18米的植食性恐龙，但它们当时只算得上是配角。

这种状况在三叠纪末突然发生了改变。虽然原因尚不明确，但三叠纪末发生了物种大灭绝，除鳄类以外的镶嵌踝类都灭绝了。为什么恐龙没有一起灭绝呢？关于这点，学界看法不一。有观点认为，从直立行走所带来的高敏感性、拥有内温性等特征来看，恐龙的身体构造比镶嵌踝类更有优势。无论原因如何，当三叠纪结束、侏罗纪开始的时候，恐龙登上了生态系统的顶点，拉开了恐龙时代的帷幕。

观点 ⚡ 碰撞

恐龙幸存是因为"运气"？

三叠纪末，不知什么原因引发了物种大灭绝。身体构造较有优势的恐龙适应了变化，而镶嵌踝类却没能度过这一关。针对这种说法，有一些强烈的反对意见。对比三叠纪时期的两者会发现，镶嵌踝类的身体构造更加多变，没有证据表明恐龙的身体构造比它们更有优势。也就是说，可能镶嵌踝类只是碰巧灭绝了，而恐龙"运气好"活了下来。

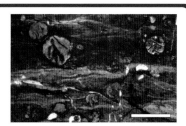

2010年，研究人员在日本岐阜县等地的三叠纪地层中发现了陨石撞击时会形成的微球粒[注4]。关于三叠纪末大灭绝事件的原因，有一种猜想是巨型陨石的撞击，而这一发现也就被当成陨石撞击的证据之一

科学笔记

【蜥脚亚目】 第22页注1

小脑袋、长脖子、桶状躯干、长尾巴是蜥脚亚目恐龙的特征。这一类恐龙大多以植物为食。包括长度达数十米的巨型恐龙蜥脚类也是其中的一个类群。

【兽脚亚目】 第22页注2

包括暴龙在内的所有肉食性恐龙所属的类群。现生鸟类也是这个类群的成员。不过，并非所有的兽脚亚目恐龙都是肉食性的。兽脚亚目和蜥脚亚目一起构成了蜥臀目。

【鸟臀目】 第22页注3

与蜥臀目相对的恐龙类群。剑龙、甲龙、角龙、肿头龙等"武装恐龙"所属的类群。全员属植食性。

【微球粒】 第23页注4

直径在1毫米以下的微小颗粒。X光解析结果显示，在岐阜县等地发现的微球粒中含有地球地壳中含量极少的铱和铂等6种元素，且最大含量达到正常量的1000多倍。这是陨石撞击的有力证据。

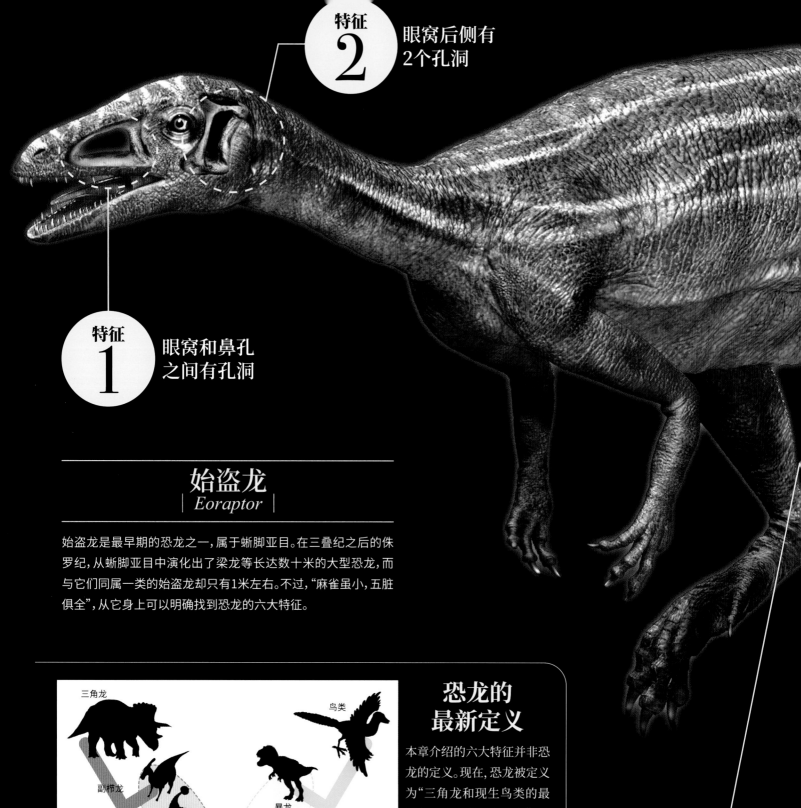

特征
2

眼窝后侧有
2个孔洞

特征
1

眼窝和鼻孔
之间有孔洞

始盗龙
| *Eoraptor* |

始盗龙是最早期的恐龙之一,属于蜥脚亚目。在三叠纪之后的侏罗纪,从蜥脚亚目中演化出了梁龙等长达数十米的大型恐龙,而与它们同属一类的始盗龙却只有1米左右。不过,"麻雀虽小,五脏俱全",从它身上可以明确找到恐龙的六大特征。

恐龙的最新定义

本章介绍的六大特征并非恐龙的定义。现在,恐龙被定义为"三角龙和现生鸟类的最近共同祖先的所有后代"。三角龙是鸟臀目中进化程度最高的类群,而鸟类是蜥臀目中进化程度最高的类群。从两者的共同祖先发生进化到这两者出现,这期间所有的动物都是恐龙。

三角龙

鸟类

副栉龙

甲龙

暴龙

其他鸟臀目

其他蜥臀目

剑龙

阿根廷龙

图为从共同祖先到三角龙和鸟类的谱系图。不过,这位共同祖先目前尚未被发现。

三角龙和鸟类的共同祖先

特征
3

骨盆附近有
3块以上的骶骨

原理揭秘

从『最原始的恐龙』看恐龙的六大特征

特征 **4** 骨盆中间有孔洞

特征 **5** 拥有直立的四肢

特征 **6** 脚踝关节单向弯曲

恐龙究竟是什么样的动物？简单来说，它们是"在陆地上直立行走的爬行动物"。无齿翼龙等所属的翼龙类、双叶铃木龙等所属的蛇颈龙类并不是恐龙。尽管学界尚无统一的说法，但有一部分观点认为，所有恐龙的身上都有共通的六大特征。一起来看看它们的特征吧！

恐龙

恐龙的四肢直立，趾尖朝向正面。许多镶嵌踝类、鸟类以及哺乳类等也有这样的特征。

恐龙和其他爬行动物的区别

恐龙和其他爬行动物相比，最重要的区别在于四肢的生长方向。研究认为，这也是恐龙拥有较强运动能力的主要原因，同时也成就了它们的繁荣。

其他爬行动物

鳄鱼、乌龟、蜥蜴等现生爬行动物以及蛇颈龙等中生代海生爬行动物，还有翼龙类等的四肢都是向身体侧面生长，而不是向身体正下方生长。

※有关恐龙六大特征的说明参考了澳大利亚博物馆的观点。

地球博物志

三叠纪的海洋动物

| *Animals in the Triassic Ocean* |

爬行动物主导的海洋生态系统

在经历了二叠纪末的物种大灭绝事件后，三叠纪开始了，海洋里发生了翻天覆地的变化。二叠纪时期，海洋世界中曾存在着的三叶虫类消失了，爬行动物开始进军海洋。

从古生代到中生代的变化

二叠纪末物种大灭绝事件后，海洋中发生了怎样的变化呢？三叶虫类消失了，腕足动物大幅减少，相反，双壳类的势力得到扩张。菊石类被逼到了绝境，却在三叠纪再次繁荣。大灭绝事件前的海洋动物被称为"古生代演化动物群"，而大灭绝事件后的被称为"现代演化动物群"。

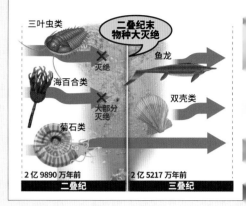

【腭齿龙】

| *Palatodonta* |

蛇颈龙是在中生代登场的三大海生爬行动物之一。腭齿龙是蛇颈龙的祖先所属的原始海生爬行动物楯齿龙目的一种，是2013年发现的新种类，被认为是楯齿龙目中最原始的种类。它们的颈部较短，外形看起来像没有甲壳的乌龟。

数据	
分类	爬行纲楯齿龙目
头部尺寸	长约 15 厘米
年代	三叠纪中期
化石产地	荷兰

长得像乌龟，但不是乌龟。前肢并非鳍状，而是长有趾爪

【贵州龙】

| *Keichousaurus* |

贵州龙是蛇颈龙类动物的祖先，是一种小型爬行动物，因为在中国贵州省发现其化石，所以被称为贵州龙。它的化石被当地人视作幸运的象征，一直以来备受珍视。因发现了腹部怀有幼崽的化石，所以研究人员推测贵州龙可能是在水中分娩的。

颈部较长，很像后来出现的蛇颈龙类

数据			
分类	爬行纲肿肋龙亚目	年代	三叠纪
全长	30 ～ 35 厘米	化石产地	中国贵州省

贵州龙的复原图。有学者认为，它们的四肢并非鳍状，而是长着趾爪

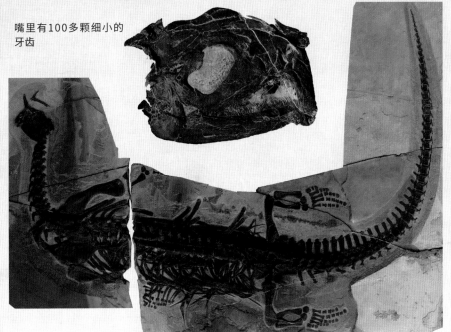

嘴里有100多颗细小的牙齿

【似坚蜥】

Atopodentatus

颚的前端呈喙状，大角度向下弯曲。此外，上半部的喙左右裂开，相当独特。在古今中外的动物中都找不出第二个像它这样的。

数据	
分类	爬形纲鳍龙超目
全长	约3米
年代	三叠纪中期
化石产地	中国

复原图。2014年2月公布的新种类

【腔棘鱼】

Coelacanthus

通常所说的腔棘鱼并不是某种鱼的名字，而是一个类群的总称。这里所提到的是腔棘鱼这个类群名称的来源。三叠纪是腔棘鱼数量剧增的时期之一。

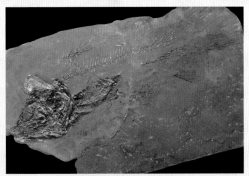

数据	
分类	硬骨鱼纲腔棘鱼目
全长	约30厘米
年代	三叠纪
化石产地	加拿大

现生腔棘鱼。最原始的种类出现于泥盆纪

【髻蛤】

Monotis

三叠纪晚期，髻蛤遍布全球海洋。它们的外壳像碟子一样薄，在日本被称为"皿贝"。研究认为，它们会从外壳的间隙中伸出"足"，附着在海底或海藻上生存。此外，它们可能还会附着在浮木上进行移动。髻蛤作为三叠纪晚期的标准化石而为人所知。

数据	
分类	双壳纲
壳宽	约5厘米
年代	三叠纪晚期
化石产地	世界各地

【齿菊石】

Ceratites

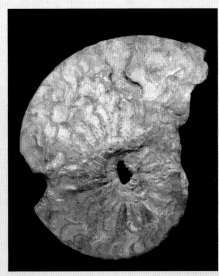

二叠纪末物种大灭绝事件中幸存下来的为数不多的菊石类之一。菊石类大致可以划分为在古生代繁荣的类群和在侏罗纪以后繁荣的类群。而齿菊石所属的齿菊石目处于两个类群之间，是侏罗纪以后繁荣起来的类群的祖先。

数据	
分类	头足纲齿菊石目
直径	约10厘米
年代	三叠纪
化石产地	日本、欧洲各地

近距直击

转瞬之间就恢复的海洋生态系统

研究认为，海王鱼龙就像现在的虎鲸和噬人鲨一样，位居食物链的顶端。其学名的意思是"海洋统治者"

因为二叠纪末物种大灭绝事件，海洋生态系统几乎重新洗牌。不过，出乎意料的是，恢复的速度似乎很快。不信的话，看看鱼龙类中的海王鱼龙就知道了。海王鱼龙巨大的头骨上有粗壮坚实的牙齿，推测全身长度超过8.5米。大型捕食者的出现意味着生态系统的完善。这一时期距今约2亿4400万年，大灭绝事件仅仅过去了约800万年。

"小恐龙"居住的岛屿

科莫多国家公园

位于印度尼西亚东努沙登加拉省，1991 年被列入《世界遗产名录》。

科莫多国家公园由印度尼西亚南部小巽他群岛中的 3 个岛组成。这个公园的名字来自这里的"主人"——被称为"小恐龙"或"科莫多龙"的科莫多巨蜥。周边海域中，绵延的珊瑚礁养育了多种多样的生物，保留着远古时期的自然环境。对于正面临着灭绝危机的巨型爬行动物来说，这里是绝佳的，也是最后的避难所。

珊瑚礁海域的"居民"

白斑乌贼

乌贼科中体形最大的种类，最长超过50厘米，体重可达10千克。它们能够通过改变身体颜色来达到威吓的目的。

电鳐

电鳐全长1米左右，体内有发电器官。体形较大的电鳐可以发出大约50伏的电让猎物或敌人麻痹。

玳瑁

一种濒临灭绝的海龟科动物。甲壳长1米左右，在海龟中算小个子，喜爱吃海绵动物。

海蛇尾

容易被误认为是海星。不过它们与海星的骨骼构造不同，属于不同的动物类群。海蛇尾有2000多个种类，是棘皮动物中最具多样性的一类。

**科莫多巨蜥是
科莫多国家公园的象征**

成年科莫多巨蜥全长可达
2～3米，体重超过100千克。
据说，它们的寿命普遍超过
100年。研究认为，它们已经
存在了约6000万年。被许多
人认为性格温顺的它们，其
实是可以用尾巴甩翻小型动
物的"大力士"。

红色精灵

雷雨云向宇宙发射的谜之闪光

这是一种出现在雷雨云上空、规模比闪电更大的光，人们早已开始谈论它，但直到30年前才第一次捕捉到它的影像。展现在世人眼前的红色精灵，它的真面目究竟是什么？

19世纪80年代，有关红色精灵的目击证言首次被刊登在英国的科学期刊《自然》上。发表者是英国的气象学家。据他描述，有搭船的乘客目击到"打雷的时候，在遥远的高空升起了不同于闪电的光，像火箭发射一样"。

到了20世纪，多名飞行员发表了同样的目击证言，但一直到80年代末，他们的话都只被当作"眼睛的错觉"处理。

当时，人们认为，飞机等航天器一般在10～13千米的高空飞行，而比这更高的地方，大气的密度相当低，对流也会减弱，基本不会发生气象现象。何况，目击者看到的光都只出现了一瞬间，没有影像等决定性的证据，也就没有成为气象学的正式研究对象。然而，在1989年，事情终于出现了转机，明尼苏达大学的研究团队在机缘巧合之下用相机记录下了这一现象。照片里，雷雨云上空出现的闪光被真真切切地记录了下来。

短短一瞬间，闪现在夜空中的红色精灵

从19世纪后半叶起，人们就在谈论这种神秘的闪光。而这一次，它那泛红的、像长着翅膀的精灵一样的身姿，第一次被相机镜头捕捉了下来。根据它的形象，人们将其命名为红色精灵。

这个红色精灵的真面目到底是什么？由各国研究者共同进行的正式研究，于1994年，在科罗拉多州科林斯堡郊外开始了。1995年，日本的研究团队也加入了这一项目。现在，观测点已拓展到了中南美、澳大利亚、日本和欧洲等地。

研究结果显示，红色精灵是伴随着雷电出现的；除了红色精灵以外，还有其他发光现象。

因地面温度高、高空寒冷而形成的积雨云中会产生大量电荷，它向地面放电的现象被称为雷电，而与此同时向上方发光的现象就是红色精灵。

地球上空有对流层（底部与地面相接，顶部平均距离地面约11千米）、平流层（距离地面11～50千米）、中间层（距离地面50～80千米）、热层（距离地面80～800千米）等数层大气层。雷电一般发生在对流层，而红色精灵一般发生在距离地面约50～90千米的位置，可以说主要发生在中间层。目前观测到的红色精灵主要呈现圆锥形和圆柱形等形状。

除此以外，以高桥幸弘教授（北海道大学）为代表的日本研究团队发现了在高空约90千米处出现的甜甜圈状的发光现

图为在哥伦比亚号事故中牺牲的宇航员伊兰·拉蒙（1954—2003）。不过，他在宇宙中拍摄的红色精灵的照片留存了下来。

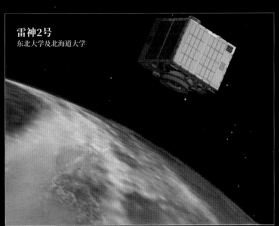

运用最新技术的相机拍摄到的红色精灵。从雷雨云向宇宙发射，持续时间不足1秒，据说每天会发生数千次以上

雷神2号
东北大学及北海道大学

2014年5月24日，由日本东北大学和北海道大学共同研发的观测卫星"雷神2号"发射成功。"雷神2号"是2009年1月发射的卫星"雷神"的改良版，备受期待

象。该现象被称为淘气精灵。在此基础上，研究人员还确认了一种从云层上方向40～50千米的高空发射的圆锥形的蓝光，称为蓝色喷流。

形态是明确了，但发生的机制呢？

2003年，对红色精灵的研究取得了突破性成果。搭乘哥伦比亚号航天飞机的宇航员伊兰·拉蒙用高感度相机，首次从宇宙空间拍摄到了红色精灵的影像。哥伦比亚号航天飞机在返航途中失事解体，拉蒙没能回来，但他的相机被找到，里面清晰地保留着红色精灵的影像。

2011年，曾经和拉蒙一起开展研究的约阿夫·亚伊尔教授（以色列开放大学）与日本宇宙航空研究开发机构、NHK（日本放送协会）等合作，尝试从国际空间站拍摄红色精灵的影像。

另一边，阿拉斯加大学和北海道大学的研究团队与NHK联合发起了一个项目，他们发射了2架航天器，分别从两个

方向拍摄红色精灵的影像，并取得了成果。

有些红色精灵的半径可达10千米，且多个红色精灵在直径数十千米的范围内几乎同时出现。

红色精灵的放电量虽然不及雷电的放电量（既有1次1.5吉焦的说法，也有9吉焦的说法），但从发光区域的体积来看，有些红色精灵可以达到一般雷电的100倍以上。此外，红色精灵似乎也承担着将带电离子搬运到电离层（热层内），从而使电离层和地表的电位差保持稳定的使命。

以上都是根据迄今为止的研究了解

到的内容。日本等多个国家都发射了用来观测红色精灵的人造卫星。与红色精灵相关的研究正变得越来越热门。

红色精灵所释放的电是否对地球的气象也产生了影响呢？围绕这个观点的研究也在进行中。

那么，红色精灵的发生机制是什么样的呢？事实上，关于这点，目前还不是很明确。说起来，有关地球上1秒钟之内可发生40～100次雷电的机制，目前也还有很多没有明确的点。值得期待的是，通过对红色精灵的研究，我们或许能对离我们更近的雷电有新的了解。

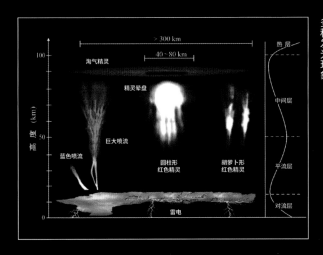

除了主要发生在中间层的红色精灵，还有平流层的蓝色喷流，热层的淘气精灵等。雷雨云上空有多种发光现象

Q 如何区分恐龙化石？

A 有时候，即使发现的并不是恐龙的全身骨架，而只是一部分骨头等所组成的局部化石，研究人员竟然也能确定它们属于哪种恐龙。这些骨头化石看起来明明差不多，他们是怎么区分的呢？

所有的生物都有"整个类群共有的特征"和"一个物种独有的特征"等构成的鉴定特征。即使只是局部化石，只要包含了上述特点，就能确定这种生物属于哪个类群，甚至进一步细化到种类。为了帮助大家更好地理解，我们用现生动物来举个例子。比如，说起"灰色的皮肤"，我们会联想到河马、大象，如果再加上"长鼻子"，我们就能锁定大象。恐龙等古生物也是一样。鉴别的关键在于所发现的局部化石能确认有哪些鉴定特征。

Q 日本发现了哪些恐龙化石？

A 现在，日本也发现了不少恐龙化石。不过，它们几乎都来自白垩纪时期，目前尚未发现始盗龙、皮萨诺龙等三叠纪时期恐龙的化石。在日本发现的恐龙种类多样，既有兽脚亚目，也有蜥脚亚目和鸟脚亚目，说明当时日本生存着多种多样的恐龙。从2013年开始，研究人员在北海道展开了调查，旨在寻找鸟脚亚目恐龙鸭嘴龙类的化石。目前已发掘出了全身骨骼。

图为2013年在北海道发现的鸭嘴龙科恐龙的发掘现场。该化石属于新物种的可能性很高

Q 为什么不叫"草食性恐龙"，而叫"植食性恐龙"呢？

A 说起"草"，一般指的是草本类植物。通常所说的"杂草"，以禾本科植物为主，多见于草原等地。杂草变得繁茂并能形成广阔的草原，是从中生代之后的新生代才开始的。而在恐龙时代，基本上没有草原，蜥脚亚目等吃的主要是蕨类植物和裸子植物。因此，"植食性"这一说法成了惯例。不过，并不是完全没有"草食性恐龙"。近年，研究人员从某种恐龙的粪化石中找到了禾本科植物的痕迹。这一发现在当时备受瞩目，毕竟原来"真的有过草食性恐龙"！

正在吃植物的优头甲龙的复原模型。优头甲龙生存在白垩纪晚期的北美洲，是全长6米左右的植食性恐龙

Q "恐龙"这个词是谁创造的？

A "恐龙"是从19世纪的古生物学家理查德·欧文创造的"Dinosauria"一词翻译过来的。1824年，在记录第一个恐龙化石（斑龙）时，人们发现没有可以描述这种不可思议的动物的单词。不久，第二个化石（禽龙）、第三个化石（林龙）也被记录了下来，但谁也没有想过它们属于同一类群。然而，欧文注意到这三种化石有其他爬行动物所没有的特征，提出将这三者作为一个类群，取名为"Dinosauria（恐怖的蜥蜴）"。从希腊语中选取了"deinos（恐怖的）"一词的欧文真是太睿智了。自那以后，这个名词总是让人们浮想联翩，而这种爬行动物也变得备受瞩目。

理查德·欧文（1804—1892）。因反驳达尔文的进化论而为人所知

1886年出版的书籍插图中禽龙（左）和斑龙（右）的复原图。其中，本应是禽龙大拇指的尖刺被画在了禽龙头上，而斑龙则被画成了四足行走的样子，这些都与现在的复原图不同。此外，禽龙是白垩纪早期的恐龙，而斑龙出现在侏罗纪

哺乳动物登场

2 亿 3700 万年前—2 亿 130 万年前
[中生代]

中生代是指 2 亿 5217 万年前—6600
万年前的时代，是地球史上气候尤为
温暖的时期，也是恐龙在世界范围内
逐渐繁荣的时期。

第 35 页　图片 / PPS
第 36 页　图片 / PPS
第 38 页　插画 / 加藤爱一
　　　　　描摹 / 斋藤志乃
第 41 页　插画 / 服部雅人
　　　　　描摹 / 斋藤志乃
第 42 页　图片 / PPS
　　　　　图表 / 三好南里
　　　　　图片 / 日本宫城县南三陆町教育委员会
第 43 页　图片 / PPS
　　　　　图表 / 三好南里
　　　　　图片 / 藻谷龙介
第 44 页　图片 / PPS、PPS
　　　　　图表 / 三好南里
第 45 页　图片 / 日本古生物学会授权转载
　　　　　插画 / 服部雅人
第 46 页　图片 / PPS、PPS
第 47 页　插画 / 三好南里
第 49 页　图片 / PPS
　　　　　插画 / 伊藤晓夫 选自新版《灭绝动物图鉴》（丸善出版）
　　　　　插画 / 斋藤志乃
第 50 页　图片 / PPS、PPS
第 51 页　插画 / 伊藤晓夫 选自新版《灭绝动物图鉴》（丸善出版）
　　　　　图片 / 联合图片社
　　　　　插画和图表 / 斋藤志乃
第 53 页　插画 / 服部雅人
第 54 页　图片 / PPS
　　　　　插画 / 服部雅人
　　　　　图表 / 斋藤志乃
第 55 页　插画 / 服部雅人
　　　　　图片 / PPS
第 56 页　插画 / 真壁晓夫
第 57 页　图片 / 久保泰 / 日本国立科学博物馆收藏
第 58 页　图片 / 联合图片社
　　　　　图片 / 村松康太，日本北海道大学
第 59 页　图表 / 斋藤志乃
　　　　　其他图片均由 PPS 提供
第 60 页　图片 / 阿玛纳图片社
第 61 页　图片 / 阿玛纳图片社
第 62 页　图片 / Aflo
第 63 页　图片 / 联合图片社
　　　　　图片 / 樱井敦史 / 自然制造
　　　　　图表 / 三好南里
第 64 页　图片 / 日本和歌山县太地町鲸鱼博物馆
　　　　　本页其他图片均由 PPS 提供

东京学艺大学副教授　佐藤玉树

虽然古生代末的物种大灭绝事件抹去了地球上种类繁多的生物，
但在接下来的中生代，新的生物类群又陆续登场了。
大型爬行动物在海陆空全面繁荣，哺乳动物出现……
当时地球上的景象大概可以用"空前绝后"来形容。
通过本专题，一起来看看中生代的开端——三叠纪的世界吧！

新型脊椎动物的诞生

三叠纪开始于 2 亿 5217 万年前。爬行动物努力体现其自身的潜力，不断多样化，向着海洋和天空扩张。而陆地上，在繁荣的爬行类和两栖类的脚下，名为哺乳动物的新型脊椎动物即将诞生。三叠纪晚期可以说是哺乳动物出现的"拂晓时分"。恐龙繁荣的侏罗纪及其以后的年代精彩纷呈，光芒掩盖了三叠纪，使得三叠纪成了一个容易被忽视的时代。但正是在这一时期，生物进化史迎来了巨大的转变。

**美国亚利桑那州
化石林国家公园**

这个"化石森林"国家公园里
分布着三叠纪时期的秦里层。
这片色彩斑斓的地层里有大量
树木化石。研究人员在这一地
层中发现了最原始的哺乳动物
的化石。

37

悄然开始的大进化

在爬行动物向海洋和天空开拓生存空间的这个时期，单孔类中进化程度较高的类群里，哺乳动物正在萌芽。最早出现的原始哺乳动物，其体形都像小型老鼠一样，在恐龙等肉食性爬行动物的阴影下过着东躲西藏的生活。然而，它们迈出了巨大的一步——在恐龙不活动的夜间出来活动。它们之所以能够做到这一点，是因为进化出了内温性这种能够保持自身体温恒定的强大的生存武器。

摩尔根兽

重返海洋的爬行动物

好不容易才登上陆地，又回到了海里，大概是真的很喜欢海洋吧！

重返海洋寻找新天地的爬行动物

三叠纪早期接近尾声的时候，爬行动物中的一部分从陆地迁移到了海洋中。它们中有的酷似鱼类，有的则形似蜥蜴。海生爬行动物独树一帜的多样化一直持续到了三叠纪末。

接连出现的海生爬行动物

在约 3 亿 6500 万年前的泥盆纪晚期，鱼类中的一部分来到了陆地上寻找新天地。后来，它们的子孙演变成了爬行动物，享受着陆地上的生活。自那以后经过了约 1 亿 1500 万年，也就是到了三叠纪早期的末尾，部分爬行动物开始重返海洋生活，主要是名为鱼龙类和鳍龙类的类群。已经完全适应了陆地生活的它们是用肺呼吸的，因此将海洋作为生活据点的同时，它们需要时不时浮到水面换气，或爬上岸边。即使如此，它们还是在向着适应水中生活的方向进化，同时也变得越来越多样化。

为什么鱼龙类和鳍龙类会选择到水中生活呢？对此，学界有几种猜想，但尚无定论。或许，它们是为了逃离捕食者来到了水边，最后索性下了水。又或许，它们在水中发现了诱人的猎物。

无论原因如何，它们事实上开拓了以往爬行动物几乎没有涉足的新栖息地。当时，迎来了众多"新居民"的海洋一定很热闹吧！

三叠纪海洋中的景象

三叠纪时期，爬行动物开拓了新的栖息地。海洋里不仅有混鱼龙等鱼龙类，还有色雷斯龙、鸥龙、副楯齿龙等鳍龙类，以及长颈龙等等。海洋成了独特的海生爬行动物的乐园。

鸥龙　　　　混鱼龙

色雷斯龙

长颈龙

副楯齿龙

重返海洋的爬行动物

这座山里的三叠纪地层，曾经是海生爬行动物的乐园。

圣乔治山

卢加诺湖位于瑞士意大利两国的边境，湖边的圣乔治山是三叠纪海生爬行动物化石的宝库，在这里发现了许多鱼龙类和鳍龙类的化石。

现在我们知道！

再次开始适应水中生活的海生爬行动物

迁往海洋的爬行动物中，鱼龙是化石年代较早（三叠纪早期快结束时）的一类。观察鱼龙的头骨会发现，它们的眼后有两个孔洞（这是爬行动物的特征），再加上拥有四肢这一点，可以确定它们是从陆生爬行动物演化而来的。不过，它们虽说是爬行动物，却有着鳍状肢和流线型的身体，像极了鱼类。即使是最原始的鱼龙，前后肢上也已经没有"趾"了，而是呈鳍形。因此，我们至今仍不清楚鱼龙是从爬行动物的哪个类群进化而来的。不过，三叠纪早期以及更早的二叠纪末（约2亿5200万年前）的爬行动物大多都有着类似蜥蜴的外形，依此类推，鱼龙祖先的外形或许也和蜥蜴差不多。

产于日本宫城县南三陆町的歌津鱼龙是早期鱼龙的代表。比较歌津鱼龙的鳍状肢和爬行动物中蜥蜴类的前肢，会发现前者的上臂和前臂的骨骼变得短而粗，而指骨变细了，并且紧紧地并拢。可见，曾经用来抓取东西、踩实地面的"手脚"，逐渐演变成有利于划水的鳍形。越是后期的鱼龙，鳍状肢上的指骨挨得越紧，整体越接近成块的板状。

三叠纪时期有名的鱼龙还有巢湖龙、混鱼龙、肖尼鱼龙和萨斯特鱼龙等。其中，肖尼鱼龙的外形与海豚相似，其中体形较大者全长超过20米。

鳍还不是很发达的三叠纪鳍龙类

鳍龙类，顾名思义，是拥有鳍的爬行动物。研究认为，它们与演化出蜥蜴和蛇的鳞龙类[注1]亲缘关系较近。

侏罗纪以后（2亿130万年前开始）繁荣起来的蛇颈龙是鳍龙类中尤为有名的一个类群。然而，在三叠纪时期，鳍龙类的脖子还没有那么长，鳍状肢的进化也没有很完善。当时，它们中大多数不仅"手指"和"脚趾"的开合程度不一，还保留着陆生爬行动物的"手脚"形状。侏罗纪以后，它们的鳍状肢才完全演化成鳍的样子，成为名副其实的鳍龙类。

那么，三叠纪时期，那些"鳍"尚未成型的鳍龙类是怎么在水中游泳的呢？研究人员推测，它们不是依靠"手脚"，而是通过左右扭动身体来游动的。游起来的样子可能有点像快速游动的鳄鱼。与之相对，

○ 鱼龙类的进化

鱼龙类可能出现于主龙类和鳞龙类这两个演化支发生分化的时期。然而，目前尚不明确鱼龙类是属于两者当中的一支，还是与这两支完全不相干。

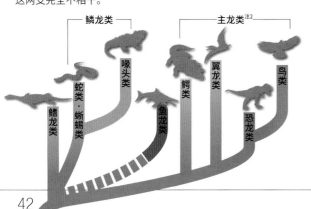

发现于日本的最早期的鱼龙——歌津鱼龙

1970年，研究人员在宫城县歌津町（现为南三陆町）海岸的三叠纪早期地层中发现了一种鱼龙的头部至前肢的化石，根据其发现地取名为歌津鱼龙。它的体形细长，像是蜥蜴身上长着鳍状肢，是相当原始的鱼龙种类。

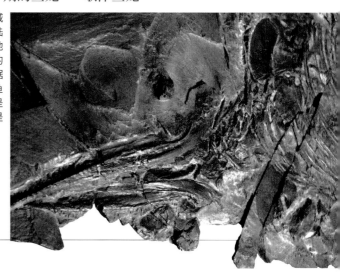

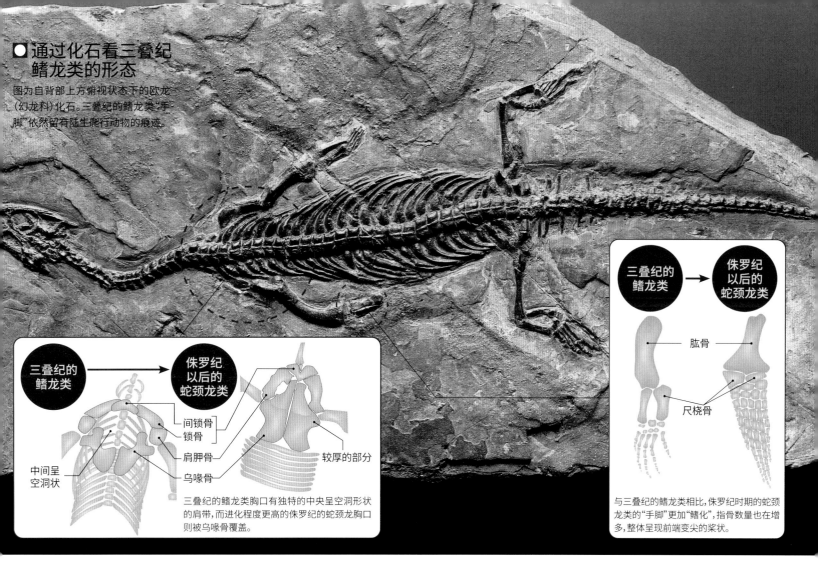

● 通过化石看三叠纪鳍龙类的形态

图为自背部上方俯视状态下的欧龙（幻龙科）化石。三叠纪的鳍龙类"手脚"依然留有陆生爬行动物的痕迹。

三叠纪的鳍龙类 → 侏罗纪以后的蛇颈龙类

间锁骨
锁骨
肩胛骨
乌喙骨
较厚的部分
中间呈空洞状

三叠纪的鳍龙类胸口有独特的中央呈空洞形状的肩带，而进化程度更高的侏罗纪的蛇颈龙胸口则被乌喙骨覆盖。

三叠纪的鳍龙类 → 侏罗纪以后的蛇颈龙类

肱骨
尺桡骨

与三叠纪的鳍龙类相比，侏罗纪时期的蛇颈龙类的"手脚"更加"鳍化"，指骨数量也在增多，整体呈现前端变尖的桨状。

侏罗纪以后，拥有发达的鳍状肢的蛇颈龙则是保持躯干不动，通过摆动左右两侧的鳍状肢来游动。后者的游泳方式比较接近海狮和海龟。

不可思议的甜甜圈状肩带

三叠纪时期的鳍龙类，构成其肩带的肩胛骨[注3]和乌喙骨[注4]很有特点。说到肩胛骨，人类的肩胛骨位于后背，而三叠纪鳍龙类的肩胛骨从身体侧面延伸至腹部，形成覆盖肋骨的态势。肩胛骨所在的肩带部位的骨骼也相当独特，中间是空的，像走样的甜甜圈。如果发现鳍龙类化石胸口的骨骼长成这样，不用怀疑，肯定是三叠纪时期的。

到了侏罗纪时期的蛇颈龙，位于肩胛骨后侧的乌喙骨变得发达，覆盖在胸口，像是要缩小三叠纪鳍龙类肩带中央的空洞似的，骨骼形态彻底改变。这也是蛇颈龙频繁摆动左右鳍状肢游动的结果。随着鳍状肢的摆动，通过关节与肱骨相连的乌喙骨受到了来自左右两侧的压力，乌喙骨就相应变得厚实了。

三叠纪时期的鳍龙类以什么为食呢？因为尚未发现其胃内物质，所以目前

📝 新闻聚焦

有关鱼龙类分娩的新发现

2014年2月，藻谷亮介所在的研究团队公布了一项新发现：三叠纪早期的鱼龙胎儿化石显示，胎儿是头部先离开母体的。一直以来，人们所知的鱼龙胎儿都来自三叠纪中期以后，它们都是尾部先离开母体。因此，鱼龙等海生爬行动物的胎生方式，一直被认为是为适应海洋生存而发生进化的结果。然而，这次的发现表明，早期鱼龙继承了陆生动物祖先的胎生方式，在分娩时，其胎儿是头部先离开母体的。或许因为这样出生在水中会有危险，所以在三叠纪中期进化成了尾部先生出的方式。

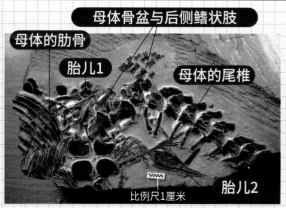

母体骨盆与后侧鳍状肢
母体的肋骨
胎儿1
母体的尾椎
胎儿2
比例尺1厘米

图中的胎儿1还在母亲体内，而胎儿2的半个身子已经穿过了骨盆。两具胎儿都是头部朝向母体外侧。研究认为，位母亲应该是在分娩过程中精疲力竭了

重返海洋的爬行动物

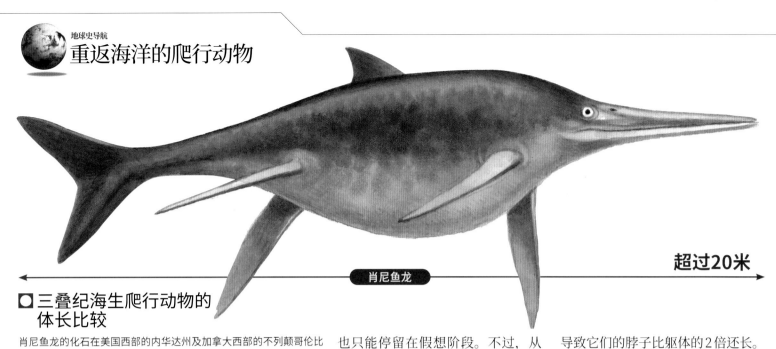

超过20米

肖尼鱼龙

◻ 三叠纪海生爬行动物的体长比较

肖尼鱼龙的化石在美国西部的内华达州及加拿大西部的不列颠哥伦比亚省被发现。全长可达20米以上，是三叠纪体形最大的海生爬行动物。而欧龙只有约60厘米长。贵州龙中体形较小的长度甚至只有20厘米左右。

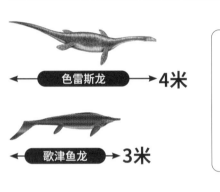

色雷斯龙 → 4米

歌津鱼龙 → 3米

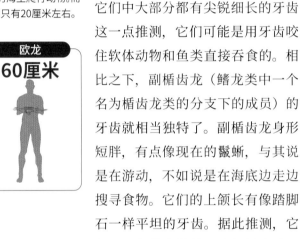

欧龙
60厘米

科学笔记

【鳞龙类】 第42页注1
包含蛇、蜥蜴、喙头蜥等在内的爬行动物类群，存活至今，延续着昔日的繁荣。

【主龙类】 第42页注2
包含现生鳄类和鸟类的爬行动物类群。曾在中生代繁荣一时的恐龙也是其中一员。它们的特征包括：头骨眼窝前方一个孔洞（眶前孔）；有牙齿的类群，其牙齿一般都着生在齿槽（牙根所嵌入的槽洞）内等。

【肩胛骨】 第43页注3
构成四足动物肩带的骨骼之一。人类的肩胛骨位于肩部，成对，从背部包裹肋骨，呈三角形。

【乌喙骨】 第43页注4
构成四足动物肩带的骨骼之一。蛇颈龙的乌喙骨位于肩胛骨的后方。爬行动物和鸟类的乌喙骨比较发达，而哺乳动物中有胎盘类和有袋类的乌喙骨已经退化。

也只能停留在假想阶段。不过，从它们中大部分都有尖锐细长的牙齿这一点推测，它们可能是用牙齿咬住软体动物和鱼类直接吞食的。相比之下，副楯齿龙（鳍龙类中一个名为楯齿龙类的分支下的成员）的牙齿就相当独特了。副楯齿龙身形短胖，有点像现在的鬣蜥，与其说是在游动，不如说是在海底边走边搜寻食物。它们的上颌长有像踏脚石一样平坦的牙齿。据此推测，它们可以凭借这样的牙齿轻松咬破贝类、头足类等的硬壳，然后碾碎吃掉。

长颈龙和鳍龙类分属不同的类群。它们因拥有奇特的骨骼而为人所知。进入侏罗纪，为了使脖子变长，蛇颈龙增加了颈部骨骼的数量，而长颈龙则延长了每根骨骼的长度，导致它们的脖子比躯体的2倍还长。"拥有这样长的脖子的长颈龙如何在水中保持平衡？""这样不是很容易被捕食者盯上吗？"被诸如此类的谜团包围的长颈龙真是一种奇妙的生物。

三叠纪时期，海生爬行动物在多样化的同时享受着属于它们的全盛时代。然而，好景不长。在三叠纪末（约2亿130万年前）的大灭绝事件中，大部分鳍龙类灭绝了。只有最后登场的蛇颈龙类逃过了一劫。而在不久后的侏罗纪，幸存下来的蛇颈龙类和鱼龙类的子子孙孙们，将会迎来新的繁华盛世。

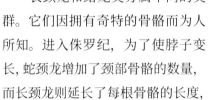 新闻聚焦

海生爬行动物的皮肤是黑色的吗？

2014年1月，一支美国的研究团队对3种海生爬行动物的皮肤样本中所含的成分进行了分析，确认了它们都含有黑色素。黑色素是显现褐色及黑色的色素。研究人员认为，海生爬行动物之所以黑色素发达，可能是为了调节体温，或在昏暗的海洋里更好地伪装自己。

现生棱皮龟没有甲壳，全身覆盖着黑色皮肤

中国三叠纪的海生爬行动物

新物种在中国频现

在中国贵州省和云南省的交界处，分布着一片广阔的三叠纪海洋沉积地层。这里发现了种类繁多的三叠纪中期至三叠纪晚期开始的海生爬行动物和鱼类的化石，尤其是最近这十几年间。这些化石往往保存得较为完美，骨骼保持着关节相连的状态。时至今日，仍然有多个研究机构在这里如火如荼地开展着研究工作，新发现的物种接二连三。

不可思议的鳍龙类——云贵龙

这里的科考成果非常丰硕，令人难以选出其中最具代表性的化石。这里有最古老的乌龟——半壳龟，只有腹部覆盖着甲壳，表明乌龟这种动物的标志——甲壳最初是从腹部开始发展起来的。还有，原龙类中的恐头龙竟然有27节颈椎骨，颈椎上还长着格外长的类似肋骨的骨骼。此外，楯齿龙类、幻龙类等多种鳍龙类动物的化石也相继被发现。近期

■云贵龙

长长的颈部和鳍状的"手脚"，这是侏罗纪以后的蛇颈龙所具备的特征。然而，观察其余那些单块骨骼的形状，会发现生活在三叠纪的原始鳍龙类的特征。

甚至还发现了腹中有胎儿的贵州龙化石。黔鳄的发现揭示了主龙形类（演化出鳄鱼、鸟类及恐龙等的类群）早在三叠纪时期就已经适应了半水生生活。在已发现的鱼龙中，既有大型的贵州鱼龙，也有小型的混鱼龙，从欧洲和北美等地也有的种类到中国独有的种类，真是多种多样。此外，还发现了若干个属和种的海龙类、龙龟类动物。它们虽然在大众中的知名度不高，但在探究龟类和鳍龙类等的谱系学起源方面是非常重要的。

我原本研究蛇颈龙类（鳍龙类的一个类群，曾繁荣于侏罗纪至白垩纪期间），但数年前，为了探究蛇颈龙的起源，开始对贵州省三叠纪地层中出产的鳍龙类——云贵龙进行研究。虽然同为鳍龙类，但通过"手脚"等骨骼的特征，能明确区分三叠纪时期原始的鳍龙类和侏罗纪以后的蛇颈龙类。云贵龙的全身骨架乍一看和蛇颈龙很相像，都有长长的脖子和鳍状的"手脚"，但观察每一块骨头的形状就会发现，它有着明显的原始特征，是一种不可思议的动物。我第一次看到它的全身骨架时震惊了两回，先是惊呼："啊，三叠纪就有蛇颈龙了？"在观察单块的骨骼后又惊叹："怎么会这么原始？"云贵龙向我们揭示了这样的事实：之前被认为是蛇颈龙独有的一些特征，其实早在三叠纪时期就已经出现了。

看来，我一时半刻是没法从中国三叠纪的海生爬行动物身上移开视线了。

■半壳龟

被认为是最古老的乌龟。它只有腹部覆盖着甲壳，背上并没有，说明龟壳可能是从腹部开始进化出来的。

佐藤玉树，东京大学理学部毕业，美国辛辛那提大学硕士，加拿大卡尔加里大学博士。曾作为博士后研究员供职于加拿大皇家蒂勒尔博物馆、北海道大学综合博物馆、加拿大自然博物馆和日本国立科学博物馆。曾任东京学艺大学助教，现为该校教育学部副教授。专业是古脊椎动物学，专攻鳍龙类的物种记述和谱系学研究。凭借对鳍龙类等中生代爬行动物的研究，于2010年获日本古生物学会的论文奖，于2011年获该学会颁发的学术奖。

鱼龙的眼部有名为"巩膜环"的骨环，覆盖了眼球的50%以上。根据巩膜环的大小可以推测眼球的大小。据研究，大眼鱼龙的眼球最大直径可达23厘米

近距直击

鱼龙可以潜多深?

鱼龙类主要以乌贼类为食。要追捕生活在水深约 100 ～ 600 米处的乌贼，鱼龙肯定需要潜到很深的地方。据研究，大眼鱼龙可以持续潜水 20 分钟左右。不过，也有学者认为，全长 4 米左右的大眼鱼龙的游泳速度约为每秒 2.5 米，也就是 1 分钟可以游 150 米。如果有整整 20 分钟的话，它们都可以到 1000 米的深处游个来回了。

鱼龙的视力那么好，是不是在深海里也能轻易捕获猎物呢？

眼睛

鱼龙的眼睛较大，即使在黑暗的环境中大概也能敏锐地看清远处的事物。进化程度越高的鱼龙眼睛越大。特别是大眼鱼龙，它那巨大的眼睛的F值可达0.8～1.1，即使在光线昏暗的水中也能看得很清楚。

鳍状肢

进化程度更高的侏罗纪鱼龙的前臂变得更短更粗，指骨变得更密集，形成一块坚固的板状构造。鳍状肢演化成"桨"状，增加其作为"鳍"的强度。

海豚(现生)

海豚虽然看起来像鱼类，但其实是哺乳动物。海豚是从长有蹄子的有蹄类进化而来的。它们为了适应海里的生活而发展成现在的样子，是趋同演化的结果。海豚和鱼龙，明明谱系上相隔甚远，却不可思议地拥有非常相似的形态。

背鳍

侏罗纪的鱼龙演化出了早期鱼龙所没有的背鳍，形态呈金枪鱼型或海豚型。与现生海豚一样，背鳍里没有骨骼。

骨盆骨

与鲸等其他水生哺乳动物一样，海豚的体内依然残留着骨盆骨。这是曾经的陆地生活所留下的纪念品。

尾鳍

鱼龙的尾鳍只有下半部分有骨骼。尾鳍呈纵向，左右摆动。现生海豚的尾鳍则呈横向，上下摆动。

三叠纪早期

歌津鱼龙
| *Utatsusaurus* |

最原始的鱼龙的代表。细长的躯干上没有背鳍，看上去像长了鳍的蜥蜴。鳍状肢已经接近"最终形态"。

原理揭秘

鱼龙的骨骼变化及其对水中生活的适应

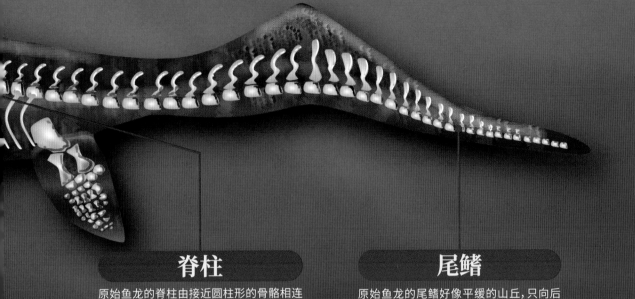

脊柱

原始鱼龙的脊柱由接近圆柱形的骨骼相连而成，游动时，身体会像鳗鱼一样扭动。这样的游泳方式有一定的加速能力和机动性，似乎比较适应浅滩等捕食对象集中的海域。进化后的鱼龙身体变得更加粗大，脊椎骨也随之变粗（直径变大），成了圆盘状。

尾鳍

原始鱼龙的尾鳍好像平缓的山丘，只向后下侧延伸，而侏罗纪鱼龙的尾鳍则分别向上下两个方向延伸，整体呈月牙形。研究认为，后者的形状有助于提升游泳能力，更适应到远洋巡游觅食的生活。后来的鱼龙体形变得更大，尾鳍的摆动对尾部以前的部分几乎没有影响，能够保持身体的稳定。

侏罗纪

大眼鱼龙
| *Ophthalmosaurus* |

被认为是"最终形态"的鱼龙，流线型的身体减少了水的阻力，游泳能力得以提升。全长4米。与其他鱼龙相比，眼睛显得特别大，被认为是侏罗纪时期的海洋霸主。

鱼龙，即便是最古老的种类，其鳍状肢也已经接近"最终形态"。这里对比两种鱼龙：生活在三叠纪的较为原始的歌津鱼龙和被认为是"最终形态"的、生活在侏罗纪（2亿130万—1亿4500万年前）的大眼鱼龙。让我们一起来探索一下它们为了适应水中生活进行了哪些演化。

最古老的哺乳动物登场

三叠纪晚期，哺乳动物的时代拉开了帷幕

包含我们人类在内的哺乳动物是什么时候、在哪里出现的呢？三叠纪晚期，单孔类家族的体内发生了一个小小的变化，为哺乳动物时代的来临埋下了伏笔……

哺乳形类是犬齿兽类的一个演化支

三叠纪晚期（约2亿850万年前），单孔类动物依然保持着自二叠纪（2亿9890万—2亿5217万年前）以来的繁荣。这时，在犬齿兽类（合弓纲兽孔目下进化程度最高的类群）中，陆续开始出现形态特征及性质不同于以往的类型，它们就是贼兽类和摩尔根兽类，是一类体形接近老鼠的小型动物。在它们体内，有一些使它们与爬行类及早期单孔类动物截然不同的重要特征。因此，它们成了被称为哺乳形类的最原始的类群。

要具备哪些重要特征才能被称为哺乳动物呢？以现生哺乳动物为例，主要有以下特征：具有内温性，即自身体内能够产生热量并维持恒定的体温；鼻腔和口腔之间有次生腭分隔，胸腔和腹腔之间有横膈膜[注1]分隔，具备高效的呼吸系统；下颌由单块被称为齿骨的骨头构成等。摩尔根兽类的化石显示，它们已具备部分上述特征。接下来，我们将以摩尔根兽类为例，具体看看最原始的哺乳形类的特征。

我们的老祖宗终于能够维持体温了！

生活在三叠纪晚期至侏罗纪早期。化石在南非被发现，全长15厘米左右。除此以外，已确认的摩尔根兽类动物还包括摩尔根兽、始带齿兽等，它们的外形都很相似。

🔲 兽孔类中与哺乳动物亲缘关系最近的类群——犬齿兽类

哺乳形类是由犬齿兽类中的某个类群演化而来的。三尖叉齿兽的半直立姿势以及头骨的形状等已经有了后来哺乳动物的影子。根据腹部没有肋骨这一点，有学者推测它们可能拥有横膈膜。

腹部没有肋骨　　脚后跟发达

三尖叉齿兽 | *Thrinaxodon* |

分类： 兽孔目犬齿兽亚目三尖叉齿兽科
时代： 三叠纪早期
分布： 非洲、南极洲
大小： 全长50厘米

现在
我们知道！

小小的身体里发生了划时代的变化

包含摩尔根兽类在内，最原始的哺乳形类动物还没有完全具备现生哺乳动物所共有的特征。因此，为了和后来出现的真正的哺乳动物区分，学者们将它们归到了上一级分类哺乳形类中。

三叠纪时期的哺乳形类还处于向真正的哺乳动物进化的过渡阶段。当时，在它们的直接祖先犬齿兽类家族里进化程度最高的类群中还有一些成员，尽管称不上是哺乳形类，但也只有一步之遥了。

进化程度较高的犬齿兽类和早期的哺乳形类的界线，在某种意义上是模糊的。

进化出了内温性，夜间也能出来活动？

犬齿兽类所属的单孔类动物是由两栖动物进化而来的。为了更好地了解哺乳动物的特征，我们可以将它们与爬行动物对比来看。在哺乳动物拥有而爬行动物没有的特征中，内温性算得上是最重要的特征之一。以现生生物中的蛇和蜥蜴等爬行动物为例，气温升高时，其体温也随之上升，它们会变得较为活跃，反之气温下降时，其体温也随之下降，行动就会变得迟缓。这种体温随着环境温度变化而变化的特性被称为外温性。爬行动物是外温性动物。

与此相对，哺乳动物的体温则不受环境温度影响。它们能够通过自身体内的代谢产生热量维持体温。这种特性被称为内温性。哺乳动物和鸟类是内温性动物。

哺乳动物是在哪个阶段进化出内温性的？关于这一点，目前还没有明确的结论。不过，有学者认为，在三叠纪时期，形似小型老鼠的摩尔根兽类为了躲避当时的陆地霸主镶嵌踝类[注2]，只能以夜间活动为主。假如它们当时为了提高呼吸效率而进化出横膈膜，

老鼠和蛇的热成像图

图为借助热成像技术生成的热成像图。到了晚上，蛇(左)这种外温性动物的体温下降，图中看起来接近黑色，而内温性动物老鼠(右)则维持着接近39摄氏度的体温。

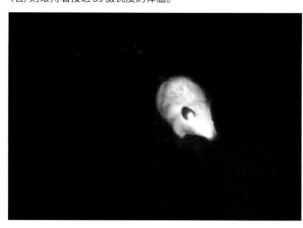

哺乳形类谱系图

哺乳形类演化自犬齿兽类。摩尔根兽类在侏罗纪中期灭绝。其他同类也在白垩纪全军覆没。○代表化石产出年代。

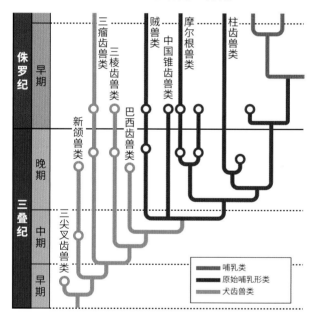

那么就可以认为它们已经具备了内温性。

据推测，摩尔根兽类的鼻腔和口腔之间可能有次生腭[注3]，胸腔和腹腔之间可能有横膈膜。爬行动物没有次生腭这样的"隔板"，鼻腔和口腔是连在一起的。因此，嘴里有食物时，它们就无法呼吸。而拥有次生腭的哺乳动物，在进食的同时也能顺畅地呼吸。此外，横膈膜能够配合呼吸上下活动，使肺容量可以伸缩变化。次生腭、横膈膜都有助于更高效地吸收氧气，提高能量代谢效率，以维持体温。

地球进行时！

从中生代存活至今的卵生哺乳动物——单孔目

哺乳动物中也有卵生的群体。它们被称为单孔目。现存的单孔目哺乳动物包括生活在澳大利亚、新几内亚岛等地的鸭嘴兽和针鼹。它们虽然是卵生哺乳动物，但体表被毛和拥有乳腺这两点与其他哺乳动物相同。单孔目最古老的化石记录，可以追溯到新生代古新世(6100万年前)的单孔属，其复原图和鸭嘴兽很相像。

鸭嘴兽生活在热带雨林及亚热带的河流湖泊地区。它们的"鸭嘴"像橡胶一样有弹性

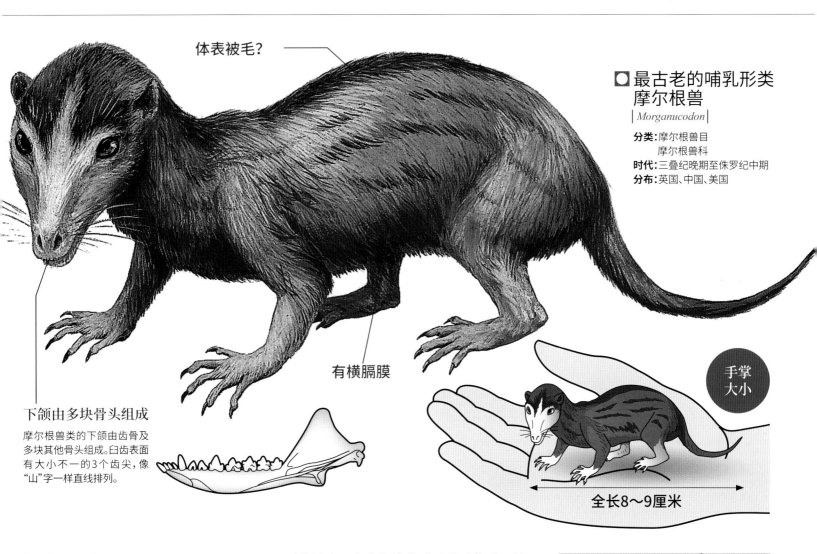

体表被毛?

下颌由多块骨头组成
摩尔根兽类的下颌由齿骨及多块其他骨头组成。臼齿表面有大小不一的3个齿尖，像"山"字一样直线排列。

有横膈膜

最古老的哺乳形类 摩尔根兽
Morganucodon

分类：摩尔根兽目
摩尔根兽科
时代：三叠纪晚期至侏罗纪中期
分布：英国、中国、美国

手掌
大小

全长8～9厘米

颌部骨骼 进一步进化

哺乳动物的颌骨与早期单孔类动物不同。早期单孔类动物的下颌由多块骨头构成，但哺乳类的下颌由一块被称为齿骨的单一骨头构成。

早期承担过单孔类动物颌关节功能的

两块骨头，在它们演化成哺乳动物后，被别的骨头（齿骨和鳞状骨）取代，并最终转移到了耳中，给哺乳类带来了更激动人心的进化。不过，这是后话了。摩尔根兽类的子孙们将逐渐演化，在之后到来的大灭绝事件中幸存下来，并替代恐龙，创造属于它们的繁荣。

科学笔记

【横膈膜】 第48页 注1

横膈膜是哺乳动物体内分隔胸腔和腹腔的肌肉膜，在呼吸运动中发挥作用，是哺乳类的解剖学特点之一。当横膈膜收缩下降时，胸腔得到扩张，空气就会进入肺部，而当横膈膜舒张上升时，空气就会从肺部排出。

【镶嵌踝类】 第50页 注2

爬行动物的一个类群。它们在三叠纪中期以后颇为繁荣，曾登顶陆地生态系统。现生鳄鱼类的祖先也是这个类群的成员。

【次生腭】 第50页 注3

位于鼻腔和口腔之间的骨骼。次生腭的出现使哺乳动物的鼻腔和口腔得以完全分隔。部分爬行动物也有次生腭，但并没有完全分开口腔和鼻腔。

次生腭

近距直击

隐王兽化石的发现进一步向前推进了哺乳形类的历史

1989年，研究人员在美国得克萨斯州西部发现了数块小型骨头。经调查发现，其中的头骨化石来自约2亿2500万年前的哺乳形类动物。这种动物被命名为隐王兽（学名在希腊语中意为"不为人知的王"），并作为新物种发表。在此之前，化石年代约为2亿850万年前的摩尔根兽类曾被认为是最古老的哺乳形类动物。而隐王兽比摩尔根兽类早了约1500万年。

出土的是小小的头骨和不足1毫米的牙齿化石

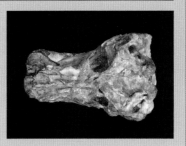

翱翔于天空的脊椎动物

有翅膀却不是鸟，名字里有"龙"却不是恐龙，真是一种奇怪的生物啊！

翼龙曾在恐龙仰望的天空中自由翱翔

从三叠纪晚期登场到白垩纪末灭绝，翼龙类作为空中霸主，主宰了天空长达1亿5000万年的时间。

多样化发展的爬行动物终于把生活圈拓展到了天空。拥有翅膀的爬行动物——翼龙登场了。

进化出飞行能力的爬行动物

三叠纪晚期，一种在生物进化史上特别值得纪念的生物登场了。作为脊椎动物，它们凭借自身力量飞上天，登上"天空"这一全新的舞台。它们就是翼龙。

翼龙这个名字，从字面上看是"长着翅膀的龙"，很多人会以为它们是在天空中飞翔的恐龙。翼龙虽然和恐龙同属主龙类爬行动物，二者却不是同类。此外，似乎还有人认为翼龙是鸟类的祖先，这也是不对的。话说回来，无论是名字还是想象中的姿态，翼龙都是一种引人遐想的动物。最早的翼龙出现于三叠纪晚期中叶，距今约2亿2000万年。目前已确认的三叠纪翼龙至少有8种。进入侏罗纪以后（2亿130万年前开始），翼龙更是迎来了飞跃式的繁荣。到白垩纪末（6600万年前）翼龙灭绝为止，共有100多种翼龙登场。

白垩纪晚期，翼龙家族中甚至出现了翼展超过10米的巨型翼龙。它们悠然自得地统治着恐龙仰望的天空。这一段辉煌的历史，是从三叠纪时期的翼龙开始的。

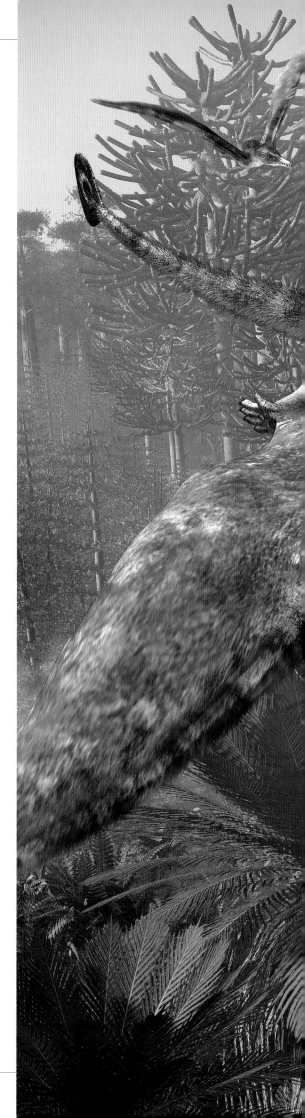

真双型齿翼龙
| *Eudimorphodon* |

目前已知最古老的翼龙。其化
石出产于意大利北部。翼展约
1米。

前肢的一指变长
演化为翼

真双型齿翼龙、蓓天翼龙和沛温翼龙是3种三叠纪时期的代表性翼龙。它们的化石都发现于意大利三叠纪晚期中叶的地层中，是已知最早的翼龙。它们已经具备了翼龙的特征——前肢和前肢上的第4指都很长，形成翅膀的形状。

哪种爬行动物与翼龙的亲缘关系最近？从谱系上看，目前与翼龙的祖先亲缘关系最近的是三叠纪晚期的斯克列罗龙。然而，看过斯克列罗龙的复原图后，想必很多人都会有"它们的前肢很短，与早期的翼龙长得并不相像"的印象。其实，要确定翼龙的祖先并非易事，因为目前发现的翼龙化石几乎都是已经进化完成的形态，而演化出翅膀的过渡类型尚未发现。

翼龙可分为喙嘴龙类和翼手龙类两大类。喙嘴龙类虽然是以侏罗纪晚期出现的翼龙名字命名的类群，但其实也包含了三叠纪时期的早期种类。这一类群一直存活到了白垩纪

最古老的翼龙之一——真双型齿翼龙

真双型齿翼龙的化石在意大利北部贝尔加莫近郊的三叠纪晚期的地层中被发现。从化石上可以看到，它们的上下颌部前段有较大的尖牙，而后段的牙齿则拥有多个齿尖。

早期。而翼手龙类则是侏罗纪晚期出现的进化程度较高的类群。

以长尾为特征的喙嘴龙类

喙嘴龙类外观上最显著的特征是它们那长长的尾巴。研究认为，这样的长尾发挥着

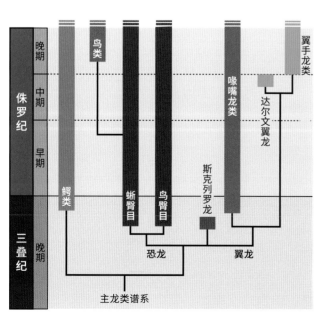

翼龙的祖先?斯克列罗龙

斯克列罗龙的化石发现于英国三叠纪晚期的地层中。根据骨骼再现的复原图显示，它的前肢非常短，很难和早期的翼龙联系到一起。

类似船舵的作用。进化程度更高的翼手龙类并没有长尾。

喙嘴龙类后肢的第5指较长，与尾部之间有发达的皮膜连接，而翼手龙类的后肢第5指和尾巴都较短。再来看头骨，喙嘴龙类的眼窝前侧有2个孔洞（鼻孔和眶前孔），但翼手龙类的已经愈合在一起，合二为一了。

此外，三叠纪的翼龙还有一些特有的牙齿特征。上下颌部前段以及上颌中央生长着大而尖的牙齿，而其余的牙齿则拥有多个齿尖。这样一副尖锐的锯齿状牙齿是用来吃什么的呢？目前已发现的化石的腹中只发现过鱼类。不过有学者认为，三叠纪时期的翼龙也会捕食昆虫。从头骨和牙

⭕ 与恐龙是近亲但并非同类

现在，翼龙被认为是爬行动物中与鳄类和鸟类亲缘关系较近的一个类群，属于主龙类的一支。最近的研究发现，原始的翼龙下颌上也有孔洞，且牙齿上也有细小的锯齿状构造，因此不少学者认为，比起鳄类，或许翼龙与恐龙的亲缘关系更近。喙嘴龙类出现于三叠纪晚期，并经由侏罗纪一路繁荣到了白垩纪早期。它们灭绝后，就只剩下翼手龙类了。2009年，学界公布了一个翼龙的新种类——达尔文翼龙，这种翼龙曾生活在中国的东北部地区。

主龙类谱系

三叠纪的翼龙和"会飞"的爬行动物

沛温翼龙、蓓天翼龙和真双型齿翼龙都是较原始的翼龙。在三叠纪时期，除了翼龙以外，还有其他会飞的爬行动物。沙洛维龙是一种非常独特的爬行动物，它也有"翼"，但与翼龙不同的是，它的翼膜长在后肢上。

还有后肢延长成翼状的爬行动物啊……

拥有长长的喙部。每颗牙齿都只有单一的齿尖。喙尖以及后段的牙齿长而尖锐。

沛温翼龙
| *Preondactylus* |

翼展约50厘米

原始翼龙的一员。曾有骨头团成一块的化石被发现，研究人员认为，这是被大型肉食性鱼类捕食后又被吐出来的无法消化的部分。

蓓天翼龙
| *Peteinosaurus* |

翼展约60厘米

与真双型齿翼龙相比，身体略小，翼展在喙嘴龙类中属于较短的。下颌前段除了两对较大的牙齿外，还排列着许多只有一个齿尖的牙齿，后段的牙齿则有多个齿尖。

喙尖又长又大的牙齿是其特征。体形比真双型齿翼龙小。

沙洛维龙
| *Sharovipteryx* |

全长约15厘米

它并不是翼龙，却有翼膜。不过，与翼龙大不相同的是，它的前肢较短，后肢较长，用后肢撑起翼膜。研究认为，它以昆虫为食。

齿的形状来看，后来的翼龙中还有一部分是以甲壳类和贝类为食的。此外，也有人认为，巨型翼龙可能以陆地上的小动物和腐肉等为食。

最初的飞行只是从树梢滑翔而下？

　　翼龙是怎么变得会飞的呢？目前，从陆地爬行动物进化为翼龙的过渡类型尚未被发现，因此这依然是个未解之谜。不过，有人猜想，或许是在树上的类似蜥蜴的生物，为了在树与树之间移动，或者捕捉虫子当食物，指骨逐渐变长，身上的皮肤逐渐延展，具备了滑翔的本领。在此基础上，它们又慢慢进化出了翅膀，并最终学会了飞行。

　　三叠纪的翼龙类虽然还比较原始，但它们已经有了翅膀，骨骼也变轻了，已经具备了飞行所需的身体条件。不过，也有学者认为，当时的它们还不太会操控翅膀，没能充分发挥在天空飞行的特权。长达1亿5000万年的翼龙的历史才刚刚开始。到了侏罗纪以后，翼龙很快实现了多样化，并在巨型化的同时提升了飞行能力，成为名副其实的空中霸主。

杰出人物

第一个将翼龙化石判断为"会飞的爬行动物"的人

　　18世纪后半叶，一位博物学家首次对翼龙化石进行了描述，当时他把这种化石当成了一种能用长长的前肢在海里游泳的生物。然而，法国的博物学者乔治·居维叶发现这副化石属于爬行动物，并在1801年的论文中声明它是一种会飞的爬行动物。居维叶看出了这种动物前肢上长长的骨骼是由指骨延长而来。1809年，他把这种生物归类为爬行动物中独立的一个属，并命名为"Ptero-dactyle"（意为"有翼的手指"）。

博物学家
乔治·居维叶
(1769—1832)

随手词典

【指节】
组成"手指"和"脚趾"的各块骨头，即各个指关节之间的单段骨头。在描述人类的指节时，有时会为了区分而将脚部的指节称为"趾节"。

【尺骨】
构成四足动物前肢的两根骨头中较长的那根，与桡骨平行。对于人类来说，在手掌向前且胳膊下垂的情况下，位于前臂内侧（小拇指那一边）的就是尺骨。

【桡骨】
构成四足动物前肢的两根骨头中较短的那根。对于人类来说，在手掌向前且胳膊下垂的情况下，位于前臂外侧（大拇指那一边）的就是桡骨。

近距直击

早期的翼龙没在地上走过？

进化程度更高的翼手龙类在陆地上留下了一些足迹化石，但早期的喙嘴龙类的足迹化石却一个都没有在地面上发现过。研究认为，后者的尾巴很长，且后肢与尾部之间也有翼膜相连，因此可能并不擅长在地面上行走。基于这一点，有不少学者认为，早期的翼龙几乎都生活在树上，很少下地行走，且都是从树上直接起飞的。不飞的时候，它们大概会利用关节把翅膀折叠起来，在树上或者崖上待着吧！

进化成早期翼龙的爬行动物可能为了追捕昆虫以这种姿势腾空而起

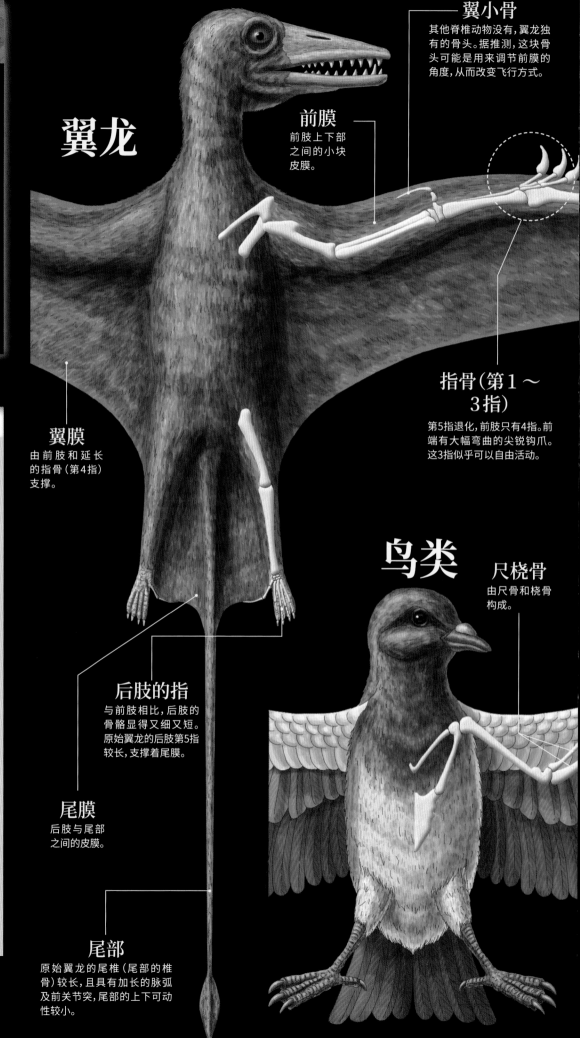

翼小骨
其他脊椎动物没有，翼龙独有的骨头。据推测，这块骨头可能是用来调节前膜的角度，从而改变飞行方式。

翼龙

前膜
前肢上下部之间的小块皮膜。

指骨（第1～3指）
第5指退化，前肢只有4指。前端有大幅弯曲的尖锐钩爪。这3指似乎可以自由活动。

翼膜
由前肢和延长的指骨（第4指）支撑。

鸟类

尺桡骨
由尺骨和桡骨构成。

后肢的指
与前肢相比，后肢的骨骼显得又细又短。原始翼龙的后肢第5指较长，支撑着尾膜。

尾膜
后肢与尾部之间的皮膜。

尾部
原始翼龙的尾椎（尾部的椎骨）较长，且具有加长的脉弧及前关节突，尾部的上下可动性较小。

指骨（第4指）

与其余3指相比，第4指明显变长，用来支撑翼膜，由4节长长的指节构成。

中空的骨骼

中空的骨骼内部布满了薄薄的蜂窝状的骨组织。部分骨骼与肺部相连，作为气囊帮助呼吸。

原理揭秘

翼龙的翅膀构造是什么样的？

蝙蝠

第1指

前端有钩爪。

翼膜

翼膜展开时像伞一样。

第2～5指

比第1指长，支撑翼膜。尤其第3～5指显著变长，在翼膜中展开。

第1指

第2、第3指

指骨缩小并愈合。

翅膀

从前肢上长出的数枚羽毛一起构成了翅膀。

翼龙的身上有许多适应飞行的特征。它的前肢与前肢上极长的"手指"支撑着形似披风的硕大翅膀。为了更轻松地飞行，让身体变轻很有必要，因此翼龙的骨骼非常轻，而且是中空的，但内部构造依然能保证骨骼的强度。此外，研究人员还发现，翼龙骨骼的一部分与肺部相连，有助于在飞行时高效地吸入氧气。鸟类及哺乳动物中的蝙蝠同样是会飞的脊椎动物。接下来，通过比较三者，一起来了解一下翼龙的翅膀构造吧！

地球博物志

飞行动物

Flying creature

通过滑翔和飞行在空中移动

目前，我们依然不清楚翼龙为什么要飞上天空。不过，研究认为，现在的动物之所以要滑翔或飞行，主要是为了捕食或不被捕食。下面这些动物尽管飞行能力不如鸟类，但确实掌握着令人意想不到的飞行技术。

分布图

柔鱼和飞鱼的栖息地基本重合。陆生动物中，除了日本特有的白颊鼯鼠以外，其余几乎都分布在东南亚等热带地区。

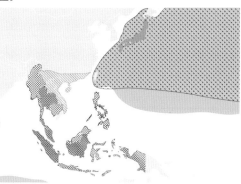

◎天堂金花蛇　　　　○五线飞蜥
◇黑蹼树蛙　　　　　●白颊鼯鼠
⊗柔鱼科乌贼　　　　◍飞鱼

【天堂金花蛇】

Chrysopelea paradisi

没有"手脚"、身体长得像绳子一样的蛇居然会"飞"。从树梢等高处降落时，天堂金花蛇能够在下落的同时，将身体弯曲成波浪形以增加空气阻力，从而产生升力。滑翔机就是利用升力使机体上升的。天堂金花蛇能够通过摆动身体来获得升力，从而实现"飞行"。刚开始降落时，它们会把身体弯曲成S型，接着变为C型，就是像这样调动全身以获取升力的。

数据	
分类	有鳞目蛇亚目游蛇科金花蛇属
全长	60～120 厘米
分布地区	东南亚、印度（安达曼群岛）
栖息环境	热带雨林等湿度较高的森林
最长飞行距离	100 米

【柔鱼科乌贼】

Ommastrephidae

图为一群柔鱼，或者说是尚未成年的飞乌贼的幼体。蓝色部分是外套膜，上下两端白色透明的部分分别是肉鳍和腕。它们会将吸入体内的水从漏斗喷出得到推进力来加速，同时将肉鳍和腕——甚至各条腕上的保护膜都张到最大来飞行。2011年7月，北海道大学的研究团队首次运用序列摄影技术捕捉到了乌贼的飞行画面。

数据	
分类	枪形目开眼亚目
全长	（幼体）203～225 毫米（外套膜长 122～135 毫米）
分布地区	太平洋、印度洋、大西洋的亚热带及温带海域
栖息环境	海洋表层至水下 600 米
最长飞行距离	30 米

【五线飞蜥】

| Draco quinquefasciatus |

线飞蜥体侧有翼膜（由延
的肋骨撑起的连续皮膜），
外其颈部侧面的皮肤延
，形成副翼。在飞行时，它
会将翼膜和副翼展开，以
得升力进行滑翔。

据	
类	有鳞目蜥蜴亚目鬣蜥科飞蜥属
长	20～25厘米
布地区	东南亚
息环境	主要栖息于森林中，常在树上活动
长飞行距离	20米

【飞鱼】

| Exocoetidae |

飞鱼飞起来主要是为了躲避
大型鱼类的追捕。它们会猛
地跃出水面，张开发达的胸
鳍和V字形延伸的长尾以获
得推进力，像滑翔机一样滑
翔。有影像记录的滑翔时间
最长可达45秒。

数据	
分类	银汉鱼目飞鱼科
全长	30～40厘米
分布地区	太平洋、印度洋、大西洋的亚热带及温带海域
栖息环境	主要生活在海洋表层
最长飞行距离	400米

【白颊鼯鼠】

| Petaurista leucogenys |

本特有的种类。前肢与后
之间，以及颈部到前肢、
肢到尾部都存在皮膜，展
后可以像滑翔机一样滑
。容易和同属松鼠科的鼯
搞混，不过鼯鼠体长一般
15～20厘米，而白颊鼯鼠
长可达前者的2倍左右。

类	
类	啮齿目松鼠科鼯鼠亚科鼯鼠属
长	头身长27～49厘米，尾长28～41厘米
布地区	日本（除北海道外）
息环境	主要栖息于森林中，常在树上活动
长飞行距离	160米

【黑蹼树蛙】

| Rhacophorus reinwardtii |

世界上蛙类中有80多种
"会飞"的种类，它们四肢
上的蹼大而发达，将蹼张
开到最大就可以进行滑
翔。以黑蹼树蛙为代表的
部分树蛙还能在滑翔过程
中调整方向。

数据	
分类	无尾目树蛙科树蛙属
全长	雄蛙约5厘米，雌蛙约9厘米
分布地区	东南亚
栖息环境	主要栖息于热带雨林等湿度较高的森林，常在树上活动
最长飞行距离	30米

📝 新闻聚焦

乌贼高超的"飞行"技术

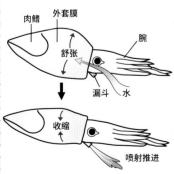

2013年，北海道大学的
研究团队对乌贼的飞行机制
进行了解析。众所周知，乌
贼能够将吸入外套膜的水通
过漏斗喷出获得推进力（喷
射推进）。此次研究表明，
从水面跃到空中后，乌贼会
继续用喷射推进来加速，同
时张开肉鳍和腕获得升力，
进而控制升力降落着水，飞
行技术可以说是相当高超。

喷射推进的机制。和飞鱼一样，乌贼
也是为了逃离捕食者才发展出了飞行
技术

文明与地球 | 达·芬奇的飞行器

执着于飞行技术的大艺术家

文艺复兴的代表人物、艺术家达·芬奇（1452—1519），曾
经担任过米兰公国的军事工程师，设计过机枪、桥梁、城堡等。
在人类历史上留下了众多印记的他，终其一生不懈追求的就是飞
行器。为此，他解剖鸟类、蝙蝠，并详细研究了它们的翅膀构造，
发现人类的胸大肌是比不上
鸟类的。认识到这一点后，
达·芬奇开始思考利用人类
的腿部肌肉力量来推动的装
置，但以失败告终。

达·芬奇的手稿。他曾探索过各
种各样的飞行方法

可爱的熊猫之乡

四川大熊猫保护区

位于中国四川省，2006 年被列入《世界遗产名录》。

大熊猫是全球范围内面临高灭绝风险的哺乳动物之一。现存的野生大熊猫只有 1600 只左右。由位于中国四川省山区的 7 个自然保护区和 9 个风景名胜区组成的自然保护区群，是这些黑白相间、憨态可掬的珍稀动物最后的乐园。

在研究中心玩耍的大熊猫们

卧龙自然保护区（7个自然保护区之一）内设有中国大熊猫保护研究中心，主要开展人工繁育等与大熊猫相关的研究。

栖息于海拔 1300 ～ 3600 米的森林中的大熊猫

在被列入《世界遗产名录》的区域内，生存着约 500 只（相当于野生大熊猫总数的 30% 以上）野生大熊猫。众所周知，大熊猫的主食是竹子。但竹子的营养价值比较低，大熊猫一天内最长有 14 个小时都在吃，一共可以吃掉 40 千克左右的竹子。此外，它们出人意料地很擅长爬树。

狼人的真相

月亮的盈亏
真的会扰乱人的心神吗？

一项有关月亮对人类生理所造成的影响的最新研究成果。

像是在呼应狼人传说似的，有人提出了在满月之夜血腥事件和事故多发的说法……2013年，一个研究团队发表了

人类变身为残忍的狼人——从古希腊时期开始，欧洲就一直流传着各种各样的狼人传说。仅1520—1630年间，就有约3万起相关事件被记录。

其中，最有名的要数发生在德国北部的一起事件。众多儿童和年轻女性接二连三地成为该事件的受害者。被发现的尸首，有的喉咙被咬断，有的肢体被啃食得七零八落，令人不忍直视。村民们带着猎犬去围堵狼人时，了解到一个令人震惊的事实：所谓的狼人，其实是一个平时打扮得挺体面的当地人——彼得·斯塔布"变"的。他与恶魔缔结了契约，持续作恶达25年之久。1589年10月末，他被处以车裂极刑。

在法国也有一个名为贾尔斯·加尼尔的狼人在1573年被处以火刑。他在森林里与恶鬼缔结了契约，从而获得变身的能力。他主要袭击并杀害女性，且特别喜欢吃生殖器。

然而，为什么一说到狼人变身，人们总会联想到满月之夜呢？

月亮对人类的影响

前面提到的两个狼人其实和满月没什么关系。根据审判记录，彼得是系上狼皮腰带"变身"的，而加尼尔则是涂上恶鬼给的药膏"变身"的。因月亮而变身狼人的传说，少之又少。

狼人在满月之夜变身的印象其实来源

于第一部狼人题材电影《伦敦狼人》（1935年，美国）。这部作品也是虚构的。英语中的"lunatic"一词，词根来自古罗马神话中的月亮女神"Luna"，但词意却是"疯狂的，精神错乱的"。这是因为以前的人们认为，月亮的灵气会使人变得疯狂。"满月之夜变身狼人"的意象，可能是将"对着月亮嚎叫的狼"与"月亮会使人发狂"的传说结合而成的产物。

月亮距离地球约38万千米，绕地球公转一周约需28天。在月亮的引力作用下，地球上会出现满潮和干潮现象。当太阳、地球和月亮在一条直线上，即出现满月和新月的日子前后，海面涨落幅度最大，产生大潮。

图中的珊瑚会在满月大潮发生前后的夜里一齐产卵。满月的大潮可以将它们的卵带到更远的地方。然而，珊瑚是怎么知道满月的呢？这仍是个未解之谜。许多水族馆中的珊瑚也会在同一时期产卵

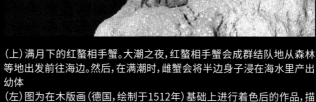

（上）满月下的红螯相手蟹。大潮之夜，红螯相手蟹会成群结队地从森林等地出发前往海边。然后，在满潮时，雌蟹会将半边身子浸在海水里产出幼体

（左）图为在木版画（德国，绘制于1512年）基础上进行着色后的作品，描绘的是被狼人残忍杀害的村民的样子。对于曾过着游牧生活的欧洲人来说，狼是会袭击家畜的头号敌人，是兽性和残暴的象征

那么，月亮的引力真的也会影响人的身心状态吗？众所周知，女性的月经周期与月亮的公转周期一致，都是28天左右。

1978年，一部名为《月球如何影响你——生物潮与人的情绪》的书籍在美国出版并畅销一时。书中提到"在满月与新月的时候，（人类的）攻击性行为会达到顶峰"。该书作者阿诺德·利伯尔是一位精神科医生。他对"满月之夜，杀人事件和交通事故会激增"的传言产生了兴趣，从警察、医院和相关研究人员处收集了大量数据进行研究并得出了上述结论。他还在书中表示，身心平衡不稳定的人，在"月亮的力量"下，会出现大幅情绪波动，从而难以抑制杀人、自杀等冲动。

因为内容过于刺激，人们对此书的评价褒贬不一。一些学者对书中内容进行了核实调查后表示，很明显"满月不会对人产生影响"，利伯尔只采用了对他的结论有利的数据。

满月之夜的睡眠时间变短？

2013年夏，瑞士巴塞尔大学的一支研究团队发表了一项很有意思的研究成果——"人类，即使根本不知道当天的月相，在满月这天也难以熟睡"。

实验在不知道月亮周期的受试志愿者之中进行。实验结果显示，在满月这天夜里，受试志愿者的睡眠时间平均缩短了20分钟，而且，与平时相比，入睡时间平均推迟了5分钟。此外，对脑电波的监测显示，与深度睡眠相关的大脑活动下降了约30%。

为什么会出现这样的情况呢？在分析了夜间采集的受试者血液样本后，研究人员发现，

在满月这天夜里，与睡眠相关的名为褪黑素的激素水平出现了下降。研究团队提出了这样的假说：远古时期，在出现满月的明亮夜晚，人类为了保护自身不被那些四处寻找猎物的野兽袭击，所以不会睡得很熟，而现代人或许也继承了祖先们的这种习性。今后，随着研究的发展，月亮对人类精神状态等的影响程度或许也有望得到科学的测量。

满月和狼人之所以被联系到了一起，可能只是我们在无意之中接受了这样的设定吧！

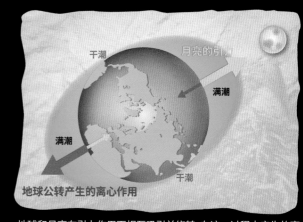

地球和月亮在引力作用下相互吸引并绕转。在这一过程中产生的离

Q 除了翼龙以外，三叠纪还有其他会飞的爬行动物吗？

A 三叠纪时期，除了前面介绍过的沙洛维龙以外，还有其他独特的会飞的爬行动物。长鳞龙是生活在三叠纪早期的主龙形类家族的成员。翼龙的"飞行装置"是由翼膜形成的翅膀，而长鳞龙为了飞行，发展出了类似羽毛的装置。它们背部的突起延长后形成了羽毛状的构造。有学者认为，长鳞龙从树上飞跃而下时，这种类似羽毛的构造可以发挥降落伞一样的作用，使它们能够在空中停留一段时间。

长鳞龙的名字意为"长的鳞片"

Q 恐龙、海生爬行动物等的英文学名中常含有的"saurus"是什么意思？

A 暴龙、异特龙等恐龙的名字中常含有"saurus"一词。这个词为希腊语，意为"蜥蜴"。然而，虽然意为"蜥蜴"，但这个词有时也会被用在非爬行动物的名字中，例如二叠纪的原始单孔类基龙、新生代古近纪的哺乳类龙王鲸等。另外，顺带提一句，摩尔根兽、真双型齿翼龙等英文学名中的"odon"来自希腊语中的"odont"一词，意为"牙齿"。

图为在中国的三叠纪地层中发现的贵州龙的复原图

Q 翼龙有"冠"吗？

A 研究认为，翼龙是有"冠"的。与骨骼不同，"冠"是软组织，难以保留在化石中。不过，曾有学者用紫外线照射保存状态良好的化石时，发现了类似"冠"的隆起组织的痕迹。据研究，部分早期的喙嘴龙类也有"冠"，但进化程度更高的翼手龙类的"冠"更加色彩缤纷，也更醒目，到了白垩纪，甚至出现了头上顶着帽子一样的大型"冠"的翼龙。有关"冠"的用途，不同学者有不同的解释，有的认为它们能在飞行中起到舵的作用，也有的认为它们可以用来散热。

图为拥有漂亮的羽冠的戴胜。或许曾经也有长着这样的"冠"的翼龙

Q 人们曾发现过腹部有鳍的海豚，它们是鱼龙的子孙吗？

A 2006年10月，在和歌山县太地町海域发现的一头腹部有一对鳍状突起的宽吻海豚，吸引了全世界的目光。它的样子看起来和鱼龙确实有些像，但海豚的外形之所以与鱼龙相似，是因为趋同演化的结果，在亲缘系谱上它们并不相近。人们将这头海豚命名为"小遥"，并对它的腹鳍进行了X光分析，发现左右加起来约有20块骨头。作为哺乳类，海豚的祖先在约5000万年前从陆地迁移到了海洋，并开始适应海洋生活。在适应的过程中，它们的前肢演化成了胸鳍，而后肢则退化了。"小遥"的腹鳍可能是后肢返祖生长后突出体表的产物。

很遗憾，"小遥"在2013年离开了这个世界

Q 摩尔根兽是胎生还是卵生？

A 现生哺乳动物中较为原始的单孔类动物，是一个产卵繁殖后用母乳喂养的类群。研究认为，它们的祖先是出现于侏罗纪中期的澳洲楔齿类哺乳动物——阿斯法托兽。如果是这样的话，出现时间早于阿斯法托兽的哺乳形类应该是卵生的。那么，三叠纪时期的摩尔根兽类估计也是卵生的。目前，人们还无法根据已发现的摩尔根兽类化石判断它们是否有乳腺，因而也就没法知道它们是否会用母乳喂养幼崽。

图为针鼹。与鸭嘴兽一样，是单孔类哺乳动物

恐龙繁荣

2 亿 130 万年前—1 亿 4500 万年前

[中生代]

中生代是指 2 亿 5217 万年前—6600 万年前的时代，是地球史上气候尤为温暖的时期，也是恐龙在世界范围内逐渐繁荣的时期。

第 67 页　图片 / PPS

第 70 页　图片 / PPS

第 73 页　插画 / 月本佳代美

　　　　描摹 / 斋藤志乃

第 75 页　图片 / PPS

第 76 页　图片 / PPS

　　　　插画 / AFP 图片社 / 加拿大多伦多大学 / 朱利叶斯 · 彻特尼

第 77 页　图表 / 真壁晓夫

　　　　图表 / 三好南里

　　　　插图 / 三好南里

第 78 页　图片 / PPS

第 79 页　图片 / PPS

　　　　插画 / 服部雅人

　　　　插画 / 真壁晓夫

　　　　图表 / 三好南里

第 81 页　插画 / 劳尔 · 马丁

　　　　描摹 / 斋藤志乃

　　　　图片 / IRA BLOCK/ 国家地理 / 阿玛纳图片社

第 82 页　图表 / 科罗拉多高原地球系统公司 / 三好南里

　　　　图片 / IRA BLOCK/ 国家地理 / 阿玛纳图片社

第 83 页　图表 / 三好南里

　　　　插画 / 斋藤志乃

　　　　图片 / 联合图片社

第 84 页　图片 / IRA BLOCK/ 国家地理 / 阿玛纳图片社

　　　　图片 / IRA BLOCK/ 国家地理 / 阿玛纳图片社

　　　　图片 / 阿玛纳图片社

第 85 页　插画 / 服部雅人

　　　　图片 / PPS

第 87 页　图片 / PPS

　　　　图表 / 三好南里

　　　　图片 / 肯尼思 · 卡彭特，史前博物馆

第 88 页　图片 / PPS

　　　　图片 / 联合图片社

第 89 页　图片 / PPS、PPS

　　　　插画 / 服部雅人

第 90 页　图片 / PPS

　　　　插画 / 服部雅人

第 91 页　图片 / 联合图片社

　　　　图片 / PPS、PPS

　　　　图表 / 三好南里

第 92 页　插画 / 三好南里

　　　　图片 / 多林 · 金德利斯公司 / 阿拉米图库

　　　　本页其他图片均由 PPS 提供

第 93 页　图片 / 阿玛纳图片社、阿玛纳图片社

　　　　图片 / PPS、PPS

第 94 页　图表 / 三好南里

第 95 页　图片 / 123RF

第 96 页　图片 / 联合图片社

第 97 页　图片 / 联合图片社

　　　　图片 / 史蒂文 · 米勒，美国科罗拉多州立大学

第 98 页　本页图片均由 PPS 提供

—顾问寄语—

北海道大学综合博物馆副教授　小林快次

恐龙在侏罗纪开始大规模地繁荣。它们仿佛不受地球重力的影响，体形不断变大。

蜥脚亚目恐龙的巨型化超出了人类的认知，令人感到生命拥有无限的可能性。

本专题将以恐龙繁荣的象征——蜥脚亚目恐龙为中心，介绍恐龙王国的历史变迁。

巨型恐龙的残影

位于中国西北部的广阔的准噶尔盆地，现在是鲜有动物出没的荒漠。然而，在很久以前的侏罗纪，这里曾是众多恐龙阔步横行的湿地。竖起耳朵倾听，任凭想象力驰骋，或许能听到震动大地的脚步声、捕食者与猎物争斗的咆哮声，或许能看到长达到数十米的巨大身影。当时进化出的多样化的恐龙种群，现在正安静地沉眠于这片红褐色的荒野地层之中。

震 动 大 地 的 行 进

侏罗纪晚期，地球变暖，氧气浓度上升。这个时期地球的统治者是巨型恐龙。当时，超龙、梁龙、马门溪龙等全长超过20米的大型恐龙陆续出现。成群的巨型恐龙阔步前行，其冲击力就连凶猛的肉食性恐龙也会退避三舍。作为生存竞争的一个环节，进化出巨大体形的恐龙在顺应环境的过程中也实现了多样性，在地球史上留下了鲜明的足迹。

超龙幼体
超龙
翼龙

巨型恐龙时代

巨型恐龙是温和的素食主义者哦！

同时具备最大、最长、最重这三个条件的巨型恐龙

诞生于三叠纪晚期的恐龙在广阔的大陆上扩散。进入侏罗纪后，恐龙开始快速进化。

其中，史上最大的陆生动物——蜥脚亚目恐龙的进化是具有划时代意义的事件。

蜥脚亚目恐龙在陆地上阔步前行

侏罗纪晚期，温暖的平原上，植食性恐龙剑龙、弯龙正成群结队地吃着蕨类植物。突然，传来了令大地震动的声响。

发出这一声响的东西看上去像移动的小山丘一样，它们就是生存在相当于今天北美等地的蜥脚亚目恐龙迷惑龙。

成年后全长可以达到数十米的蜥脚亚目恐龙是恐龙时代的象征。

恐龙中最早的一种——始盗龙已被确认诞生于约2亿3000万年前的三叠纪晚期。据说，始盗龙诞生后不久，原始的蜥脚亚目恐龙也在三叠纪晚期登场了。

从三叠纪晚期到白垩纪晚期约2亿年的时间里，蜥脚亚目恐龙在大陆的各个地方持续繁荣着，它们是植食性的恐龙种群，被认为是史上最大的陆生动物。

从全长仅1米左右的始盗龙，到全长超过30米的蜥脚亚目恐龙，让我们一起来看看恐龙这一令人震惊的巨型化过程吧！

在北美大陆上阔步行进的
迷惑龙 | *Apatosaurus* |

就算是想要进行攻击的肉食性恐龙异特
龙，面对成年后全长约 25 米的迷惑龙，
也会不自觉地犹豫一下吧！虽然连凶猛的
肉食性恐龙都感到畏惧，但蜥脚亚目恐龙
全都是植食性恐龙。

梁龙 | *Diplodocus* | 的骨骼

在发现完整骨骼的恐龙之中，梁龙的身体是最长的，约 20～35 米。就像梁龙的属名"双梁"所显示的那样，梁龙脊椎上部有两道突起，而突起之间有支撑头部与尾部的韧带。图片中的骨骼全长达 26.8 米。

现在
我们知道！

为了生存下来，恐龙进化出巨大的体形

泰国发现的伊森龙是最原始的蜥脚亚目恐龙之一，诞生于三叠纪晚期。

伊森龙全长 12～15 米。虽然此时还没有巨型恐龙的迹象，但在之后的数千万年时间里，蜥脚亚目恐龙取得了惊人的进化成果，在巨型化的道路上越走越远。到了侏罗纪晚期，它们进化成了史上最大的陆生动物。约有 100 种（属）蜥脚亚目恐龙被发现，其中全长超过 30 米的不在少数。

巨型化是因为肉食性恐龙的存在！

柯普定律[注1]认为"同一系统中的动物体形会随着进化不断增大"，这一定律在很长一段时间里为人们所接受，恐龙的进化就是其中一个例子。不过，蜥脚亚目恐龙的巨型化成果远远超过了人们对巨型化的认知。出现这种现象的原因是什么呢？

有一种观点认为原因其实很简单，蜥脚亚目恐龙是为了保护自己不被天敌兽脚亚目恐龙攻击。在面对兽脚亚目恐龙的攻击时，没有任何躲避能力的蜥脚亚目恐龙为了存活下去，选择了巨型化这一手段。

也就是说，"大"是一件好事呢！

新闻聚焦

保护恐龙蛋的大椎龙

2012 年，南非的金门高地国家公园发现了世界上最古老的蜥脚亚目恐龙大椎龙的巢穴群，这可以证明侏罗纪早期的恐龙曾有过抚育幼龙的行为。这个地方挖掘出了巢穴、恐龙蛋、胚胎、成年恐龙以及幼龙的脚印化石。研究认为，虽然成年恐龙不会孵化恐龙蛋，但它们会守护恐龙蛋，一直照顾幼龙长大。

巢穴的想象图。发现的巢穴、化石被认为形成于约 1 亿 9000 万年前

恐龙的谱系图

恐龙大致可分为三大种群。鸟臀目恐龙中有两足型与四足型，兽脚亚目恐龙基本都是两足型。蜥脚亚目恐龙属于植食性的大型恐龙种群，原始的原蜥脚下目恐龙也有两足型，但蜥脚亚目恐龙进化出巨大体形后，基本上都属于四足型。

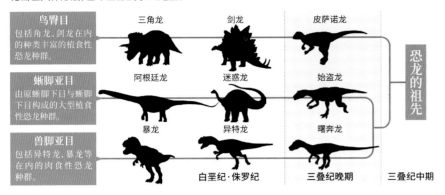

鸟臀目 包括角龙、剑龙在内的种类丰富的植食性恐龙种群。	三角龙	剑龙	皮萨诺龙	
蜥脚亚目 由原蜥脚下目与蜥脚下目构成的大型植食性恐龙种群。	阿根廷龙	迷惑龙	始盗龙	恐龙的祖先
兽脚亚目 包括异特龙、暴龙等在内的肉食性恐龙种群。	暴龙	异特龙	曙奔龙	
	白垩纪·侏罗纪		三叠纪晚期	三叠纪中期

蜥脚亚目恐龙的成长速度

这是通过研究迷惑龙的骨骼得到的成长曲线图。研究认为，迷惑龙孵化的时候约30厘米。从8～12岁左右，迷惑龙的身体急速成长。分析表明，在这段时间内，迷惑龙的体重每年最多可以增加5吨。这段时间过后，迷惑龙的身体仍然持续成长。科学家推测，迷惑龙需要大约20年的时间才能长到可以生育后代的体形。

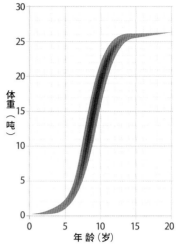

※不同的科学家得到的成长曲线图有一定差异。

就像大象不太容易被狮子攻击一样，在自然界中，体形越大就越安全的定律在侏罗纪也是适用的。蜥脚亚目恐龙在踏上巨型化这条道路的时候，已经拥有了与巨大体形相匹配的身体构造和机能。开始巨型化的蜥脚亚目恐龙一路迅猛进化，直到成为最大的陆生动物。

在巨型化的进程中，攻击的一方与被攻击的一方是相互竞争的状态。可以断言，在世界各地发现的巨型蜥脚亚目恐龙的附近，一定能发现巨型肉食性恐龙的化石。

侏罗纪的环境加快了巨型化的进程

来自兽脚亚目恐龙的威胁是蜥脚亚目恐龙巨型化的契机，而当时的环境则被认为是推动巨型化进程的一大要因。

有种观点认为，侏罗纪时期二氧化碳浓度的最高值是现在的 7～8 倍。因此，当时产生了极端的温室效应，类型相似的植被遍布温暖的地球。这一点保证了蜥脚亚目恐龙有充足的食物，从而加速了巨型化的进程。为了维持巨大的体形，蜥脚亚目恐龙需要摄入大量的食物。不过，当时的裸子植物、蕨类植物的营养价值比现在的被子植物还低，所以蜥脚亚目恐龙对食物的需求量很大。研究认为，蜥脚亚目恐龙为了高效地摄入食物，需要通过较大的消化器官持续性地消化食物，而作为消化器官载体的身躯就会变得越来越大。

此外，拥有能高效地摄入氧气的气囊系统[注2]的蜥脚亚目恐龙，成功地适应了三叠纪这样严酷的低氧环境。而侏罗纪时期氧气浓度回升，蜥脚亚目恐龙得以将氧气传输到全身，以维持巨大的体形与高代谢率，进一步加快了巨型化的进程。

高代谢率对幼龙的生存率也有影响。

研究认为，孵化后能活到成长期的蜥脚亚目恐龙，在成长速度较快的情况下，1 年内体重可以增长数吨。快速地长成一定程度的巨大体形，被肉食性恐龙攻击的危险就会减少，生存率就能提升。

各种外因叠加，使得蜥脚亚目恐龙的体形越来越大，而身体也越来越难以散热，这是关系生死的问题。研究认为，蜥脚亚目恐龙让脖子与尾巴变得更长，将它们作为散热器来使用，这也导致它们的体形越发巨大。

科学笔记

【柯普定律】第76页 注1

美国的古生物学家爱德华·德林克·柯普提出的定律，阐述的是"随着进化的进程，生物会呈现出巨型化的趋势"这一理论。在很长一段时间内，这是研究恐龙进化不容置疑的定律。不过，近年的研究认为柯普定律仅适用于部分恐龙。而最近有研究者把在提出柯普定律的时代还未产生的"生物多样性"的概念与柯普定律结合起来，将柯普定律解释为"如果一个群体内的多样性增加，作为其中的一环，大型物种也会增加"。柯普也曾因与奥塞内尔·查利斯·马什在发现恐龙化石这件事上相互竞争而广为人知。

【气囊系统】第77页 注2

现生鸟类所拥有的呼吸系统。使用气囊这个袋状的软组织，能更有效地将氧气摄入体内。

近距直击

巨型化的限制因素是体重和体温吗？

蜥脚亚目恐龙并不是可以无限巨型化的。据计算，它们的极限体重是140吨，如果超过这个体重，它们就无法自主地让身体动起来。另外，随着体形的增大，动物的体温基本上也会升高。当体温超过45摄氏度时，构成身体的蛋白质就会凝固，无法维持生命。迄今为止还没有发现全长超过40米的大型物种，可能就是因为体重和体温都有上限。

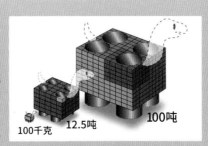

100千克　12.5吨　100吨

当它们的体重超过 140 吨时，四肢会过于粗大，失去作为腿的机能

头部

蜥脚亚目恐龙的牙齿构造比较简单，摄入食物时像梳子一样将叶子刮下来，颚部的肌肉也并不发达。研究认为，蜥脚亚目恐龙通过放弃嘴巴咀嚼食物的机能，达到缩小头部、伸长脖子的效果。

憩室

蜥脚亚目恐龙的骨骼包含很多带有小洞与管状缝隙的含气骨。含气骨的优点是可以在保持骨骼硬度的同时减轻骨骼的重量。此外，研究认为这种含气骨的中空部分——憩室被存有空气的气囊填满了。

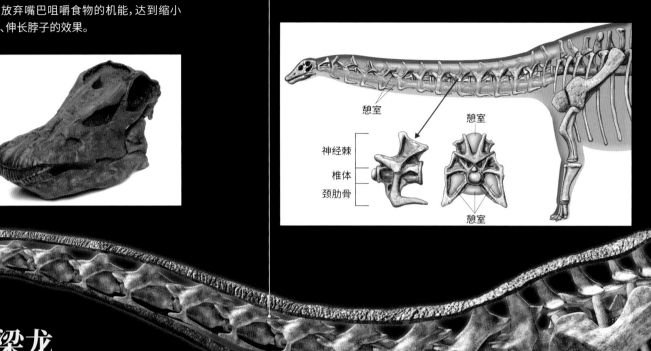

憩室

憩室

神经棘
椎体
颈肋骨

憩室

梁龙

| *Diplodocus* |

全长20～35米的蜥脚亚目恐龙，嘴长，头小，且头部无法抬得很高。

随手词典

【逆流交换系统】

使用气囊的呼吸方法。新鲜的空气从嘴巴等部位进入身体，按照以下的路线流动。气管→后气囊（新鲜的空气）→肺（氧气与二氧化碳交换）→前气囊（含有二氧化碳的空气）→气管。通过这样单向的流动，新鲜的空气与含有二氧化碳的空气不会在肺部混合在一起，身体可以高效地吸收氧气。

【双向呼吸】

没有气囊的动物使用的呼吸方法。富含氧气的新鲜空气从嘴巴等部位进入身体，通过气管传输至肺部，体内排出的二氧化碳与氧气在肺部发生交换。吸收了二氧化碳的空气再次通过气管从嘴巴等部位排出。这样的构造无法彻底排除肺部中的空气，肺部的新鲜空气与含有二氧化碳的空气始终保持混合的状态。

颈椎

过去的复原图中，蜥脚亚目恐龙被描绘成脖子高高抬起的形象，但近年的研究显示，从颈椎关节的形态来看，脖子的可移动范围相当小。尽管不同的种类会有一些差别，但蜥脚亚目恐龙似乎难以将头抬起，它们的脖子更适合左右移动。

约30°   约30°

虽然与种类也有关系，但基本上体形越大，脖子的柔软性越差

气囊系统

研究认为蜥脚亚目恐龙也拥有现在的鸟类身上的呼吸系统——气囊。气囊是充满了空气的袋状软组织，填满了肺部前后、含气骨的憩室等处，遍布全身。蜥脚亚目恐龙通过逆流交换系统高效地摄取氧气。此外，气囊系统可能还有降低体温的冷却机能。

有气囊的动物使用的是逆流交换系统。没有气囊的动物使用的是双向呼吸。

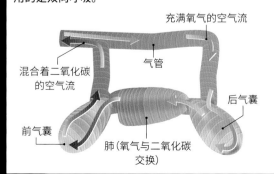

充满氧气的空气流

气管

混合着二氧化碳的空气流

后气囊

前气囊

肺（氧气与二氧化碳交换）

蜥脚亚目恐龙的身体构造是什么样的?

骨骼

蜥脚亚目恐龙身体的一大半是脖子和尾巴,躯干只有全身长的1/5左右。研究认为,它们细长的脖子与尾巴是依靠韧带与肌腱支撑起来的,就像吊桥那样,而集中在腰部以上的重量则是依靠强壮的后肢支撑起来的。因为这种独特的平衡,细长的脖子与尾巴可以长时间保持水平伸展的状态。

受力的方向
(推断)

受力的方向
(推断)

蜥脚亚目恐龙巨型化的契机是"防御",同时也有复杂的外因在发挥作用,加速了巨型化的进程。那么,巨型化为何能够实现呢?作为生命史上最大的陆生动物,蜥脚亚目恐龙在进化的过程中获得了精密的身体构造与令人惊讶的身体机能。这里,我们尝试探究蜥脚亚目恐龙是如何通过最大限度地发挥自身能力而创新出巨型化发展所需的结构与机能。

尾巴

蜥脚亚目恐龙的尾巴长度有时可以超过全身长的1/2,有人认为这样的长度有助于恐龙散热。也有研究认为梁龙等恐龙会将细长的尾巴当作鞭子来击退肉食性恐龙,但实际上这种杀伤力很弱。

腿

为了支撑巨大的身体,蜥脚亚目恐龙呈四足行走的状态,重心位于腰带正下方结实的后腿上。从脚印化石的步幅计算蜥脚亚目恐龙的行走速度,时速大约为3.5~4.5千米。因为关节无法大幅度弯曲,所以它们无法奔跑。

近距直击

不断变化的复原图

自从19世纪发现蜥脚亚目恐龙的化石以来,复原这种体形巨大的恐龙充满曲折。一直到20世纪70年代,研究者都认为,为了支撑沉重的身体,这种巨大的生物是生活在水中的。之后,研究证明蜥脚亚目恐龙的巨大身体无法承受水压。

最初的复原图
头部上方的鼻孔露出水面进行呼吸

现在的复原图
鼻孔在嘴巴附近
无法将脖子高高竖起
尾巴没有拖在地上

生活在水中,依靠浮力支撑沉重的身体
尾巴拖在地上

研究者原先认为这类恐龙的脖子像长颈鹿那样高高竖起,但是在1999年,研究者发现蜥脚亚目恐龙的脖子可移动范围很小,难以朝上缓缓仰起,于是复原图变成了现在看到的样子。

也有人认为蜥脚亚目恐龙的尾巴像哥斯拉那样拖在地上,但通过脚印化石的验证,可知尾巴并不是拖在地上的

小型恐龙的进化

恐龙繁荣的关键——小型恐龙的登场

从三叠纪恐龙出现到白垩纪恐龙大繁荣，这一进化过程中，仍有很多谜团至今未解。解开恐龙进化之谜的过渡化石，其实就埋藏在侏罗纪的地层深处。

填补"空白时代"的恐龙

当全长 35 米的新疆马门溪龙在中国的大地上开始阔步前行的时候，在这些巨型恐龙的脚下，另一种重要的恐龙正在悄然发生进化。

以往说到恐龙的多样化与繁荣，中生代最后的时代白垩纪总是被频繁提到，但根据近年的研究发现，从侏罗纪中期后段到晚期，"变化"已经开始发生了。这种变化就发生在马门溪龙的脚下——小型恐龙出现了。

侏罗纪的地层大规模露出地表的情况很少见，其中比较知名的有北美落基山脉周边的莫里逊组、中国新疆维吾尔自治区西北部的准噶尔盆地周边的石树沟组。特别是准噶尔盆地，它是 1 亿 6400 万年前—1 亿 5900 万年前的侏罗纪中期末段到晚期起始的重要地层，正对应恐龙进化中化石资料匮乏的的"空白时代"。在这片土地中发现的小型恐龙的化石，是探索后来在白垩纪恐龙之所以能够大繁荣的"秘密钥匙"。

白垩纪恐龙大繁荣的前兆就出现在侏罗纪啊！

侏罗纪晚期的准噶尔盆地

在河边阔步前行的是全长超过 30 米的马门溪龙群。在它们的脚边,最古老的暴龙类之一的小型恐龙五彩冠龙正在追逐原始角龙类恐龙隐龙。

准噶尔盆地的发掘现场

虽然准噶尔盆地现在是荒凉的沙漠地带,但在遥远的过去,这里是孕育了诸多生命的绿洲。为了追寻它们留下的痕迹,调查组的成员们行走于广阔的荒漠,正在仔细搜索。

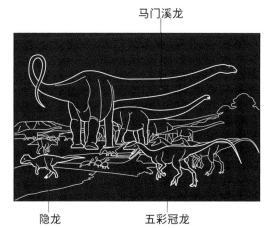

马门溪龙

隐龙　　　五彩冠龙

小型恐龙的进化

正等着被研究的恐龙化石

在准噶尔盆地发现的约600件化石，放置于北京的中国科学院中，等着被研究。已经进入研究阶段的化石之中，有很多都是未曾发现的新物种。

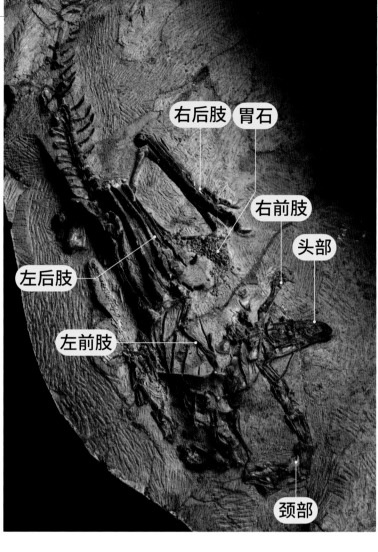

右后肢　胃石

右前肢

头部

左后肢

左前肢

颈部

泥潭龙的化石

这是从挖掘出五彩冠龙的石柱中发现的泥潭龙化石。除了尾巴的前端之外，身体结构基本是完整的。胃的部分还发现了胃石。

繁荣的恐龙种群
是从亚洲开始扩散的？

与阔步前行时震动天地的马门溪龙、单冠龙等恐龙相比，曾栖息于准噶尔盆地的各种小型恐龙可能并不显眼。但是，科学家认为，后来发展壮大的肉食性恐龙霸王龙和植食性恐龙三角龙、鸭嘴龙等成功扩散至全世界的恐龙种群，它们的祖先有很多就是这些小型恐龙。

白垩纪是恐龙时代的鼎盛时期。但这之前恐龙的进化轨迹，过去很长一段时间里存在很多未被探明的情况。而从曾经栖息在准噶尔盆地的小型恐龙身上，我们可以看出，在侏罗纪中期至晚期，就已经有明显的恐龙大繁荣的前兆了。

科学笔记

【胃石】 第83页 注3
位于植食性恐龙、鸟类等的胃和砂囊中的石头。这些动物为了帮助消化食物而吞下石头，形成了胃石。无法用牙齿磨碎食物的蜥脚亚目恐龙、长有喙的植食性恐龙等化石的胃部，经常发现不少磨去棱角的圆形石子。

【泥潭龙的指头】 第83页 注4
兽脚亚目恐龙在进化的过程中，小指、无名指会退化，最终仅剩下拇指、食指、中指。但泥潭龙有4根指头，小指退化，而拇指则非常小，食指、中指和无名指较长，与其他恐龙的指头进化不同。

【鸭嘴龙类】 第83页 注5
一种嘴型酷似鸭子的植食性恐龙，也叫作鸭嘴兽龙。这种恐龙的牙齿在咀嚼时效率很高。它是最后出现的鸟臀目恐龙，也是其中最为繁荣的物种。

文明与地球 龙骨

恐龙化石是中药药材！

在中国古代，大块的化石被认为是未能归天的龙死后的骨头。作为贵重的中药药材"龙骨"，这些化石备受推崇。一直到最近，仍然存在把大型哺乳动物的骨头、猛犸的化石作为中药药材来使用的情况，其中也有真正的恐龙化石。有很多人认为"龙骨"的药效很好，是一种高价药材。

近年，从保护恐龙化石资源的角度出发，把恐龙化石当作"龙骨"入药遭到质疑，但这一问题目前还没有得到有效解决

从五彩冠龙的冠看恐龙的进化

暴龙的祖先

五彩冠龙是原始暴龙类恐龙，发现于准噶尔盆地侏罗纪中期末至侏罗纪晚期初的地层中。暴龙类恐龙由原始的原角鼻龙科恐龙、进化型的暴龙科恐龙以及其他中间型的恐龙构成，五彩冠龙属于原角鼻龙科。这个科包括侏罗纪中期的原角鼻龙（英国）、哈卡斯龙（俄罗斯）、侏罗纪晚期的侏罗暴龙（英国）、史托龙（美国）以及白垩纪早期的中国暴龙（中国）。通过五彩冠龙可以确认暴龙类的起源早于侏罗纪中期，地点在亚洲或欧洲，可见其重要性。

在新疆维吾尔自治区的地层中，还发现了头上长着一个冠的斑龙类恐龙——单冠龙。这是一种全长5米左右的中型兽脚亚目恐龙。以前，五彩冠龙曾被认为是这种单冠龙的亚成体——因为五彩冠龙与单冠龙都长有较大的冠。不过，现在五彩冠龙不再被看作单冠龙，而被视为暴龙类。

■单冠龙 | *Monolophosaurus* |

生存于侏罗纪中期，全长5.7米左右，是一种中型肉食性恐龙。从鼻尖延伸至眼睛的冠是这种恐龙的一大特征。

■五彩冠龙

作为暴龙类，五彩冠龙的前肢非常长，指头有3根。就像中文名"冠龙"显示的那样，这种恐龙从鼻子至眼睛的上方长有较大的冠。冠的硬度不高，所以科学家认为冠不是武器，而是用于展示。

冠所体现的恐龙进化

除了了解暴龙类的起源，五彩冠龙对于了解恐龙的生态来说也是重要的资料，这主要体现在五彩冠龙头部的冠上。从侧面看它的头骨，冠呈半月形，长在吻部上方，从鼻孔（外鼻孔）上方开始，一直延伸到眼窝上部。虽然叫作半月形，但可以看到冠的后方有一大块向后突出。另外，冠上有3个较大的孔。中间的棱线倾斜部分的前方有1个孔，后面有2个孔。除了较大的孔之外，还有很多凹坑，可以看出冠是中空的。窃蛋龙与双冠龙就长有这种空腔化的冠。五彩冠龙的冠与双冠龙的冠尤其相似。科学家认为这属于"碰巧的相似"，五彩冠龙与双冠龙是碰巧进化出了这种相似的冠。

如上所述，兽脚亚目恐龙中存在头上长着冠的物种。代表物种有侏罗纪早期的冰冠龙、晚期的角鼻龙和异特龙等。这种冠的作用是什么呢？说到冠，我们想一下长着冠的现生动物就会明白，这些动物的冠主要用来展示，在识别敌我、找交配对象方面发挥作用。兽脚亚目恐龙的冠有各种形状。在头部这种多样化"装饰"的帮助下，恐龙形成不同的种群，构成一个恐龙社会，繁衍生息。由此，我们可以发现，冠不仅仅是一种装饰器官，在恐龙的进化中也发挥着重要的作用。

小林快次，1971年生，1995年毕业于美国怀俄明大学地质学专业，获得地球物理学科优秀奖。2004年在美国南卫理公会大学地球科学科取得博士学位。主要从事恐龙等主龙类的研究。

肉食性恐龙 vs 植食性恐龙

为了在生存竞争中存活下去，恐龙开始多样性进化

异特龙等肉食性恐龙站在食物链顶端的侏罗纪，是一个弱肉强食的时代。对于没有锋利牙齿与爪子的植食性恐龙来说，一不留神就会丧命。

不是你死就是我亡！为了延续生命的战斗

从三叠纪开始的恐龙多样化进程在进入侏罗纪后进一步加速。可以说，后来在白垩纪发生的恐龙大繁荣在这个时代就已经开始了。

根据腰带的形状，恐龙大致分为鸟臀目与蜥臀目。鸟臀目可进一步分为装甲亚目（剑龙科恐龙、甲龙科恐龙）、鸟脚亚目、头饰龙亚目，蜥臀目可进一步分为蜥脚亚目（原蜥脚下目、蜥脚下目）、兽脚亚目。在这个分类中，鸟臀目的所有恐龙与蜥脚亚目、兽脚亚目的部分恐龙属于植食性恐龙，而肉食性恐龙则全部是兽脚亚目恐龙。

另外，在侏罗纪中期前后，各类恐龙的祖先已经出现，走向大繁荣的进化竞争开始了。

不过，科学家认为，一直到侏罗纪中期为止，恐龙的形态变化都比较小。不少恐龙属于不同种类，但形态却颇为相似。恐龙出现多样化，应该是从泛大陆分裂为北边的劳亚古陆与南边的冈瓦纳古陆之后的侏罗纪晚期才开始的。

在温室效应下一直保持温暖气候的侏罗纪，恐龙开始各自进化，将自身的能力发挥到极致，为了种族的生存展开了没有尽头的生死之争。

植食性恐龙也在拼命抵抗吧！

不是你死就是我亡的战斗想象图

异特龙对掉队的剑龙穷追不舍。陷入绝境的剑龙也在拼命抵抗。它将尾巴对准异特龙，挥动着锐利的尖刺威慑对手。

◻ 鸟臀目恐龙与蜥臀目恐龙

所有恐龙可以按照腰带的形状分为两个种群。腰带与鸟类相似的叫作鸟臀目恐龙，腰带与蜥蜴相似的叫作蜥臀目恐龙。

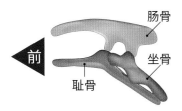

鸟臀目恐龙

耻骨向后延伸，与坐骨并排。除了蜥脚亚目之外的植食性恐龙基本都是这个类型。

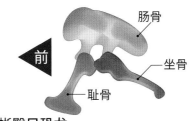

蜥臀目恐龙

耻骨朝着下前方。包括了所有的蜥脚亚目与兽脚亚目。

反击的痕迹?

异特龙化石的脊椎骨上发现了与剑龙尖刺的形状完全契合的痕迹。科学家认为这是异特龙攻击剑龙时遭到反击后留下的伤痕。

肉食性恐龙 vs 植食性恐龙

现在我们知道！

『王者』异特龙是无敌的捕食者吗？

科学家认为蜥脚亚目恐龙是在侏罗纪中期开始踏上巨型化之路的。一部分兽脚亚目恐龙也随之增大了体形。

侏罗纪的霸主是异特龙，遍布世界各地。它们增大了体形，占据着当地的食物链顶端。

不过，体形增大后的肉食性恐龙是无敌的吗？

肉食性恐龙虽然体形在增大，但其特有的强健肌肉、长有利齿的沉重头部、敏捷的两足型行走方式同时也在限制体形的进一步增大。这些物理上的极限，使得兽脚亚目的体形远不及庞大的蜥脚亚目。蜥脚亚目虽然没有武器，但其中有很多恐龙身长都超过 30 米。数十吨的体重对于捕食者来说也是一种威慑。兽脚亚目恐龙应该无法轻易打败蜥脚亚目恐龙。

从脚印化石来看，蜥脚亚目恐龙大多数是集体行动。兽脚亚目恐龙只能伺机攻击蜥脚亚目群体中的小恐龙或体弱者，即便如此，狩猎时也可能会搭上性命。

通过骨骼标本再现异特龙vs剑龙
研究认为，侏罗纪时期，北美大陆经常发生异特龙(左)与剑龙(右)的激烈战斗。图中可以看出，剑龙的喉咙附近覆盖着细小的骨骼，用来保护要害。

与巨大的蜥脚亚目恐龙相比，剑龙科恐龙、鸟脚亚目恐龙等是正合适的猎物。剑龙、弯龙等植食性恐龙是异特龙主要的攻击目标。

但是，被攻击的一方也不会白白送死。它们不可能乖乖等着被吃掉，为了生存，一定会拼命抵抗。

植食性恐龙激烈的生存战斗

科学家认为大多数植食性恐龙的生活方式是群体行动。现在的斑马、羚羊也都选择群体行动，可以多只眼睛监视肉食性动物的动静，即便其中某一个体遇袭，其他个体还可趁机逃远。植食性恐龙与这些动物一样。这是弱势的一方学会的生存技能。

中小型植食性恐龙大多数会利用自身奔跑速度快的本领逃生。虽然异特龙的奔跑时速能达到约 35 千米，但因为体重过重，所以欠缺耐力。如果体重较轻的植食性恐龙分散逃窜的话，成功逃脱的可能性就会提高。

观点碰撞

剑龙的板状构造的作用是什么？

剑龙化石已发现了有 100 多年。身上板状构造的功能经常成为议题。科学界提出了防御、展示（炫耀行为）、调节体温等各种观点。其中，"防御说"因板状构造的脆弱性而遭到否定，"调节体温说"也因与其他剑龙科恐龙的情况矛盾而受到质疑。根据最新研究，板状构造会随着恐龙的成长而增大，所以"吸引异性说"得到支持。

研究结果显示，剑龙的板状构造表面有细小的血管痕迹，说明营养能被输送到板状构造内部。或许，剑龙可以通过调节血流来改变板状构造的颜色

◯ 侏罗纪时期各种各样的恐龙

直至泛大陆未完全分裂的侏罗纪晚期，恐龙身上发生的地域性的独特变异还比较少。不过，那个时候也出现了进化出某些值得关注的特征的恐龙。

近鸟龙
| *Anchiornis* |

在中国辽宁省发现的长有羽毛的小型兽脚亚目恐龙，全长35厘米左右。科学家从保存状态良好的羽毛化石中发现了黑色素[注1]，他们通过科学方法再现了这种恐龙生前的颜色，而且认为它们以昆虫为食。

蜀龙
| *Shunosaurus* |

在中国四川省发现化石的原始蜥脚亚目恐龙。全长10米左右，体形较小，脖子较短。尾巴前端是带有尖刺的疙瘩状骨头。在面对肉食性恐龙时，这个部位有可能被当作武器使用。

似松鼠龙
| *Sciurumimus* |

这是2012年公布的新物种，在德国被发现。正如它的学名"似松鼠"，这是一种全长仅为70厘米左右的小型恐龙，属于斑龙类，有原始的羽毛痕迹。

天宇龙
| *Tianyulong* |

在中国发现的原始鸟臀目恐龙，全长70厘米左右。这种恐龙从脖子到尾巴，整个背都长着毛状组织，是鸟臀目中少见的物种。

植食性恐龙中，也有采取积极防御措施的种类。其中的典型例子就是剑龙。背上的板状构造没有达到作为武器的硬度，但可能用于威慑对手。最近的研究中还有观点认为剑龙或许可以通过控制血流来改变板状构造的颜色。另外，剑龙可以把尾巴前端的4根锐利的尖刺作为厉害的武器来使用。这些尖刺或许有助于削弱肉食性恐龙的战斗意志吧！

此外，科学家发现包括蜥脚亚目恐龙在内的植食性恐龙不仅考虑到了个体的生存，还考虑到了种群的延续。所以，它们很可能会产下个数较多的卵，通过孵化、守护产下的卵，可以极大地提升幼体的孵化成功率。

科学家发现侏罗纪早期蜥脚亚目恐龙会群体筑巢。它们可能是想通过增加同一时间孵化的幼体数量来增加存活下去的个体数量。

🔍 近距直击

"化石战争"的成果

19世纪后半叶，美国著名的古生物学家奥塞内尔·查利斯·马什与爱德华·德林克·柯普之间展开了以莫里逊组[注2]为中心的恐龙发掘竞争。这场竞争极其激烈，甚至以"化石战争"之名被载入史册。不过，也因为这场竞争，142种恐龙化石得到记录，使得恐龙研究有了飞跃式的进展。

据说因为竞争太过激烈，甚至发生了枪击事件。右数第四人是马什

科学笔记

【黑色素】第89页 注1

近鸟龙的羽毛中发现了黑色素，其中包含了黄色、红色的褐黑素与茶色、黑色的真黑素。此外，科学家还推断近鸟龙的飞羽中存在不同的颜色，之后通过这一研究成果再现了近鸟龙的颜色——身体呈暗灰色，飞羽呈现黑白花纹，脸上有红褐色的斑点。以往只能想象恐龙身体的颜色，现在再现恐龙颜色之日可能不会遥远了。

【莫里逊组】第89页 注2

北美洲露出地表的侏罗纪晚期地层，以怀俄明州、科罗拉多州、犹他州3个州为中心，分布于落基山脉附近，总面积超过100万平方千米。莫里逊组是约1亿5600万年前—1亿4700万年前堆积起来的地层，在这里发现了众多蜥脚亚目恐龙、兽脚亚目恐龙、剑龙科恐龙、鸟脚亚目恐龙的化石。特别是蜥脚亚目恐龙的化石，种类尤其丰富，发现了腕龙、圆顶龙、梁龙、超龙等大型物种。

1 巨型化

植食性恐龙

作为被捕食者，体形比捕食者大得越多，就越难以被袭击，生存下去的概率就会增加。蜥脚亚目恐龙的巨型化就是明显的例子。与现在的马一样，它们的眼睛可以看到两边，而且处于较高的位置，俯视下方，视野宽阔。

迷惑龙

| *Apatosaurus* |

全长25米左右的典型的蜥脚亚目恐龙。与身体相比，其头部极小。

近距直击

植食性恐龙共同作战

侏罗纪晚期，对肉食性恐龙异特龙来说，植食性恐龙剑龙、弯龙成了它们最合适的猎物。从发掘出的化石来看，这是两种都受到肉食性恐龙威胁的植食性恐龙，它们的生活区域非常近。或许就像现在的斑马、瞪羚、角马一样，这些植食性恐龙有可能群居在同一片区域，共同抵御肉食性恐龙的攻击。

有一种观点认为，视力相对较好的弯龙负责"放哨"，用尾巴上的尖刺威慑肉食性恐龙的剑龙担任"守卫"。

---

2 尾巴的武装

植食性恐龙

植食性恐龙并非一味地被动受敌。剑龙之类的恐龙会使用尾巴上锋利的尖刺狠狠地反击肉食性恐龙。

剑龙

| *Stegosaurus* |

剑龙科恐龙中最大的物种，全长7～9米。尾巴上有4根尖刺，是杀伤力很强的武器。

---

3 集体行动

植食性恐龙

对肉食性恐龙来说最合适的猎物——剑龙、弯龙等通过集体行动来避险，将此作为生存下去的技能。

弯龙

| *Camptosaurus* |

全长4～7米左右的鸟脚亚目恐龙，主要是四足型的行走方式，但研究认为弯龙也能以两足型的方式行走。

---

4 全身防御

植食性恐龙

怪嘴龙等甲龙科恐龙，它们的头部、背部等部位都覆盖着由皮肤变化而来的骨质"盔甲"，以此进行防御。

怪嘴龙

| *Gargoyleosaurus* |

全长3米左右的早期甲龙科恐龙。"盔甲"由皮肤骨化形成，与剑龙的板状构造属于同一起源。

原理揭秘

拼上性命的『进化』竞争！

无论哪个时代，捕食者与被捕食者之间都在开展拼上性命的激烈斗争。侏罗纪也是这样，肉食性恐龙不是轻而易举就能捕获到猎物的。植食性恐龙虽然没有锋利的爪牙，比较弱小，但它们为了生存下去，会最大限度地发挥自身的能力，采取防御对策，逃脱肉食性恐龙的攻击。

1 肉食性恐龙
锋利的锯齿

肉食性恐龙的牙齿被称为锯齿，有锯齿状切口，可用来撕裂猎物。

虽然异特龙嚼碎食物的能力较弱，但它们头骨坚硬，能通过控制脖子的肌肉，使整个上颚瞄准猎物砸下去。而它们的下颚则有几处关节，可以将嘴巴张得很大

异特龙的前肢比较长，长着锋利弯曲的钩爪。有3根指，可能可以抓起物体

Allosaurus jimmadseni

异特龙
| Allosaurus |

全长约12米，侏罗纪时期代表性的肉食性恐龙。眼睛上部有角状突起，这是它们的一大特征。

2 肉食性恐龙
使用嗅觉

异特龙的近亲南方巨兽龙的嗅觉很发达。异特龙在寻找猎物时很有可能也使用了嗅觉。

3 肉食性恐龙
快步追踪

异特龙的奔跑时速约为35千米，但因为体重较重，所以欠缺持久性，只有接近猎物后再发动攻击，或者采用伏击的方式。小型肉食性恐龙奔跑速度更快，同时更具持久性，是难对付的猎手。

时速约10千米　梁龙

时速约25千米　人类

时速约30千米　三角龙

时速约35千米　异特龙

时速约40千米　双冠龙

时速约65千米　美颌龙

双冠龙
| Dilophosaurus |

全长6米左右，头部长有一对比较薄的冠，是一种跑起来很快的肉食性恐龙。

4 肉食性恐龙
集体狩猎

部分小型肉食性恐龙会集体狩猎，就像狼群那样袭击猎物。

蜥脚亚目恐龙
| Sauropods |

生命史上最大的陆生动物

说到蜥脚亚目恐龙的特征，首先想到的是它们巨长无比的脖子，接着想到的是与脖子保持平衡的细长尾巴、啤酒桶一样的躯干以及像大象一样粗壮的四肢等。其实，蜥脚亚目恐龙中也存在脖子较短的种类。

蜥脚亚目恐龙头部的类型

因为要保持较轻的体重，所以蜥脚亚目恐龙的头部有很多中空的部分，很难以化石的形式留存下来。迄今为止发现的头骨大致可分为3种：比较扁、嘴巴向前突出的梁龙型；比较高、嘴巴没有向前突出的圆顶龙型；眼窝（眼球所在的凹陷部分）上方突起的腕龙型。无论是哪一种类型，与体形相比，头部都非常小且单薄。

↑梁龙型的头骨　　↑圆顶龙型的头骨

←腕龙型的头骨

【短颈潘龙】
| Brachytrachelopan |

蜥脚亚目恐龙中，短颈潘龙的脖子非常短，大约只有躯干长度的70%，嘴部勉强能碰到地面。体形偏小，可能是通过钻进大型恐龙无法进入的密林来摄取食物的。

数据	
生存年代	侏罗纪晚期
全长	约10米
体重	不明
化石产地	阿根廷

学名中的"潘"是希腊神话中的牧神。这个名字来源于短颈潘龙化石的发现者——一位牧羊人

【叉龙】
| Dicraeosaurus |

在梁龙科中属于体形较小的恐龙。脖子由12个短颈椎骨组成，脖子长度在蜥脚亚目恐龙之中算是比较短的，只能摄取接近地面的植物。叉龙可能与生存于同一片地域上的腕龙等植食性恐龙通过共享植物的方式维持共生关系。

数据	
生存年代	侏罗纪晚期
全长	12～20米
体重	不明
化石产地	坦桑尼亚

学名"叉龙"来自背部的一部分形成的2列突起。化石发现于侏罗纪晚期的敦达古鲁组

【重龙】
| Barosaurus |

梁龙的近亲，外形与梁龙非常相似，但重龙的脖子更长，而尾巴比梁龙短。与其巨大的体形相比，头部极其小。牙齿是简单的铅笔状构造，通过刮的方式吞食叶子。脖子可以左右转动，这一点可能有利于摄取食物。

美国自然历史博物馆中展览的重龙因其令人印象深刻的站姿而出名。这个姿势在复原图中也经常能看到，不过科学家认为重龙是无法做出这个动作的

数据	
生存年代	侏罗纪晚期
全长	20～27米
体重	20～40吨
化石产地	美国、坦桑尼亚

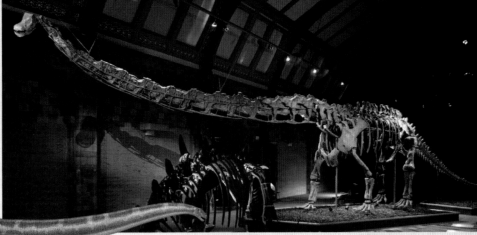

Photo/PPS

【马门溪龙】
| *Mamenchisaurus* |

在以长脖子为特征的蜥脚亚目恐龙中，马门溪龙的脖子算是特别长的。通常蜥脚亚目恐龙的颈椎骨不到15个，马门溪龙的颈椎骨却多达19个。不过构造上的限制使得马门溪龙无法将脖子高高抬起。在中国的四川省、甘肃省、云南省等地均发现了马门溪龙的化石，但在新疆维吾尔自治区发现的化石标本要远远大于其他地区的。在今后的研究中，这类恐龙存在被归为新物种的可能性，因此现在以"新疆马门溪龙"的称谓加以区别。

根据骨骼推算马门溪龙的体重，最大可以达到50吨。因为马门溪龙体内中空的含气骨发达，所以对于这样的体长来说，体重还是偏轻的

数据	
生存年代	侏罗纪晚期
全长	20～35 米
体重	20～50 吨
化石产地	中国

【圆顶龙】
| *Camarasaurus* |

这是北美大陆发现的化石数量最多的蜥脚亚目恐龙。前肢与后肢的长度基本一致，身体基本保持水平，对蜥脚亚目恐龙来说，圆顶龙略呈圆形的头骨是偏大的。从构造上来说，颈椎的可动性相对较高，可以摄取各种高度的植物。虽然有较多中空的部分，圆顶龙的头骨构造还是兼具重量大与硬度强的双重特征。

因为各个成长阶段的化石标本完备，可以进行比较研究，所以在蜥脚亚目恐龙中，圆顶龙的比较研究是走在前端的

数据	
生存年代	侏罗纪晚期
全长	约 18 米
体重	约 20 吨
化石产地	美国

杰出人物

"蜥脚亚目"由美国恐龙研究领域的学者命名

古生物学家
奥塞内尔·查利斯·马什
(1831—1899)

"兽脚亚目、蜥脚亚目、剑龙科、鸟臀目……"这一在恐龙研究中得到广泛认可的分类方式，是由活跃于19世纪后半期的美国古生物学界的权威——奥塞内尔·查利斯·马什提出并倡导的。身为耶鲁大学地质学教授，马什陆续发现了异特龙、迷惑龙、剑龙、三角龙等现在依然受到大家欢迎的恐龙。马什一生公布了80种新发现的恐龙，对美国的恐龙研究做出了巨大的贡献。除了勤勉的学者这个身份，马什也因为与爱德华·德林克·柯普之间展开激烈的"化石战争"而为人熟知。

【腕龙】
| *Brachiosaurus* |

侏罗纪晚期到白垩纪早期，腕龙科恐龙遍布世界各地。如学名（Brachiosaurus由希腊语而来，直译为"前臂蜥蜴"）所示，前肢比后肢长是腕龙的一大特征。肩膀的位置比腰更高，脖子斜着往上抬起，所以可以摄取到较高处的植物。头部距离地面的高度是13～15米，是侏罗纪时期"最高"的蜥脚亚目恐龙。头顶高高隆起是腕龙头骨的特征，不过，它的尾巴比较短。

因为腕龙头顶有较大的洞，所以科学家曾一度认为头的上部可能有鼻子。从这一形状来看，可以推测腕龙生活在水中，靠头顶的鼻子呼吸。但现在已经明确腕龙的鼻子在下方，离嘴巴非常近

数据	
生存年代	侏罗纪晚期至白垩纪早期
全长	约 25 米
体重	约 50 吨
化石产地	主要在美国

地底绚烂的广阔世界

卡尔斯巴德洞窟国家公园

位于美国新墨西哥州，1995 年被列入《世界遗产名录》。

新墨西哥州干燥的荒野底下有一片广阔的洞窟群，洞窟中有形形色色的各种钟乳石。这个洞窟群因 6500 万年前的地壳变动而形成，几乎每年都有新的洞窟被发现，洞窟数量不断增加，现在大约有 120 个。迷宫一般的地下世界，蕴藏着深不见底的魅力。

钟乳石的结构

含有碳酸钙的地下水从顶部渗出，形成水滴。

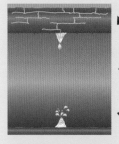

水滴落下的时候，残留在顶部的石灰粉会不断积累，形成钟乳石，称为钟乳管或冰柱岩。

因为水滴的落下，碳酸钙的结晶在地面堆积起来，形成石笋。

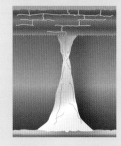

从顶部向下的冰柱岩与从地面向上的石笋因为外侧的水流而不断延长，最后两者结合，形成石柱。

**缤纷多彩的钟乳石
"装饰"了钟乳洞**

现在的卡尔斯巴德一带，
在大约 2 亿 5000 万年前
是海底，所以曾经堆积
的珊瑚形成了石灰岩层。
洞窟最深处约 500 米，
绵延 200 千米。此外，
卡尔斯巴德洞窟也是将
近 100 万只蝙蝠的栖身
之地。

95

发光的「乳白色海洋」

延伸至地平线尽头的「乳白色之海」

17世纪以来，在黑夜中航行的船员们多次记录下了这种海洋泛白光的现象。有人怀疑这些记录是人们捏造出来的，但是人造卫星也捕捉到了这一现象。导致成片海域发光的究竟是什么东西呢？

儒勒·凡尔纳于1870年发表的科幻小说《海底两万里》中有这样一幕——夜晚，潜艇航行在无边无际的"乳白色海洋"中。

日期是1月27日晚上7点左右，地点是印度洋，书中写道："一望无际的大洋呈乳白色。"

关于这种泛着乳白色光芒的不可思议的海洋，船员们其实很早就知道了。据说海面虽然发着光，但没有热量。凡尔纳也是以船员经历为蓝本创作小说的。没有人知道"乳白色海洋"会在什么时间在哪里发生。因为这种现象的梦幻色彩太过浓厚，真假难辨，也有人认为这或许是船员们的想象。

时间来到21世纪。美国加利福尼亚州的海军研究所中，一位叫史蒂文·米勒的海洋气象学家迈出了寻找真相的步伐。

人造卫星捕捉到了！

首先该从哪里入手呢？

以米勒为首的研究小组开始从1992年之后各国船舶的航海日志中寻找大规模"乳白色海洋"现象的记录。后来，他们发现一艘叫作S.S.利马的英国商船曾遇到过"乳白色海洋"。

根据航海日志记载，1995年1月

选自法国作家儒勒·凡尔纳作品《海底两万里》的插画。直到现在，人们依然喜欢阅读由尼摩船长领导的潜水艇鹦鹉螺号的冒险故事

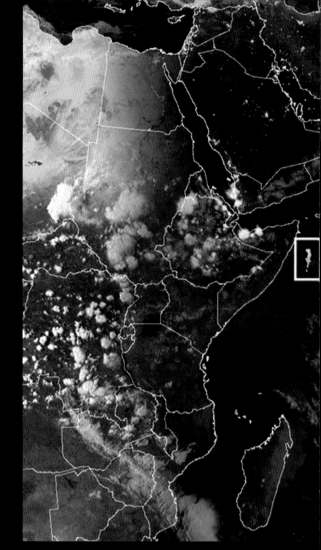

25日晚，S.S.利马航行在印度洋上，当时没有月光，一片黑暗。在距离非洲索马里海岸大约280千米的海面，白色亮光出现在地平线附近。更神奇的是，大约15分钟后，船只开始航行在泛着乳白色光芒的海面之中。驶出那片海域花了6个小时，航程达146千米。S.S.利马的船员讲述了当时的现象："船只就像航行在雪地之中，白云之上。"

根据这个信息，研究小组调查了美国气象卫星DMSP的影像记录。这颗人造卫星可以观测到地球上极其微弱的光线——真的在航海日志记录的那天晚上，在那一片海域，发现了白色的光影。"乳白色海洋"的存在由此得到科学上的确认。

这次"乳白色海洋"的规模，南北长度超过250千米，面积大约为1万5400平方千米。

那么，为什么会有这么大面积泛白光的海域呢？

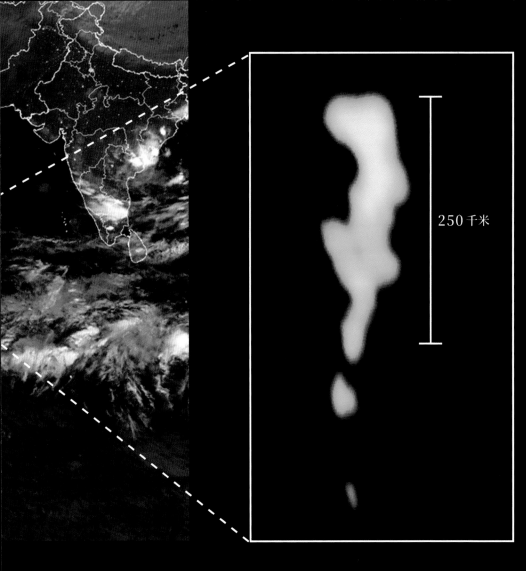

250 千米

美国的气象卫星DMSP。从平均830千米的高度持续传送气象影像，为气象学、海洋学、地球物理学等研究提供服务

气象卫星DMSP捕捉到的1995年的"乳白色海洋"。虽然是在夜间拍摄的，但为了清楚地显示地点，这张图将夜间的影像与白天的影像结合在了一起。关于长度超过250千米的冷发光光源的解释，至今仍没有定论

发光细菌说

在《海底两万里》中，海洋生物学家说"乳白色海洋"形成的原因是滴虫（纤毛虫）这种微型发光虫聚集在一起，漂浮在海面上。

海洋性浮游生物中确实有会发光的物种。但这种生物只在巨浪或是航行轨迹等的刺激下瞬间释放强光，不会持续性发光。

2005 年，公开了气象卫星影像的米勒提出了其假设："乳白色海洋"现象是由某种发光细菌引起的。

浮游生物是在水中、水面的浮游生物的总称。从分类上来说，包括动物、藻类，但米勒说的是细菌，它们是地球上最早的生物。

发光细菌的细胞内含有一种叫作荧

光素酶的酶，这种酶与促使发光的物质发生反应，就会发光，但发光的目的还不明确。为了寻找同伴，引诱食物，又或者是某种信号，人们有各种各样的猜测。也有不少发光细菌与鱼类共生，比如乌贼的表面就有发光细菌栖生。鮟鱇"鞭冠"的发光也是由发光细菌引起的。

米勒说："出现'乳白色海洋'现象的地点，这种发光细菌会大量集中。它们可能是依靠这片海域特有的有机物生存，因此在此群聚。"

而气象卫星捕捉到的索马里海面的乳白色海域，究竟有多少数量的发光细菌呢？关于这个问题，米勒回答说："假设地球表面覆盖着 10 厘米厚的沙粒层，发光细菌的数量就和这种情况下的沙粒数目差不多。"数量极多的发光细菌究竟是为了什么目的而聚集在一起的呢？

很遗憾，现在这个问题还没有答案。只能说，对于人类而言，海洋仍然是未知的世界。

卫星影像在 1 月 26 日和 1 月 27 日都捕捉到了 S.S. 利马所遇到的"乳白色海洋"。令人震惊的是，这两个日子与《海底两万里》所写的日期是一致的。

Q 为什么有些恐龙的名字会不再使用？

A "雷龙"这个名字曾在1903年被判定为无效，与之对应的恐龙统称为迷惑龙。这是因为在19世纪下半叶的"化石战争"中，马什与柯普之间发生了激烈的竞争，物种命名变得很随意。这就导致了后来"雷龙"这个名字的消失。经过重新研究后，科学家认为雷龙与已经命名的迷惑龙属于同一物种。按照国际规定，生物如果有多个学名，先发表的学名拥有优先权。

※近些年古生物学家发现，两者可能并非同一物种，"雷龙"的学名也许将得到恢复。

Q 蜥脚亚目恐龙能够区分雄性与雌性吗？

A 雄性与雌性在形态、习性上的不同是生物学的重要研究课题，但判断已经灭绝的生物的性别是件相当困难的事情。从现状来看，基本上没有关于恐龙性别差异的相关研究。如今，以北美洲发现的大量圆顶龙化石为对象，科学家正在区分骨骼的类型。不过，现在也只能按照粗壮型（雄性）与纤细型（雌性）进行区分，并未找到准确判断恐龙雌雄的方法。将来若找到区分蜥脚亚目恐龙性别的方法，可能会发生这样的情况——被归为两个物种的恐龙其实是同一物种的雌雄个体。

梁龙的全身骨骼。蜥脚亚目恐龙没有冠那样明显的性别识别器官，所以很难区分其雌雄

Q 从恐龙蛋的化石可以推断是哪种恐龙吗？

A 世界各地很早以前就有发现恐龙蛋的化石，但在只发现恐龙蛋的情况下，很难推断蛋的双亲是什么恐龙。最容易推断的是恐龙蛋与双亲一起被发现的情况。比如这样的例子：兽脚亚目窃蛋龙在巢穴中以孵恐龙蛋的姿势变成化石。此外，恐龙蛋之中如果留有胚胎，也可以推断它的双亲是什么恐龙。而在发现大型恐龙巢穴群的情况下，留下的痕迹会很多（如幼龙、留有胚胎的蛋、双亲的脚印，有时还有双亲的化石），所以也容易判定恐龙的种类。

Photo／PPS

生存于白垩纪晚期北美洲的鸟脚亚目恐龙——鸭嘴龙孵化的幼龙与恐龙蛋化石的复原模型

Q 为什么可以从化石中得知恐龙的咬合能力与骨骼强度？

A 恐龙的研究逐渐开始应用最先进的科学技术，近几年的研究得到了令人惊讶的成果。有限元分析原本用来计算火箭、飞机等机体上所施加的力，现在也被应用于推算人工关节的强度与骨骼受力。通过在恐龙研究中使用这种有限元分析与CT扫描，就可以推测出化石所承受的负荷与肌肉的构成等。现在已经可以计算出异特龙头骨的强度、咬东西时颚部承受的负荷量、施力的方向等，以往无法得知的恐龙生态现在能够从化石中分析出来。此外科学家还在进行一项新的研究——通过分析四肢承受的负荷来复原恐龙的姿势。

异特龙头部的计算机模型。有限元分析指的是通过从外部给物体施力，来解析施加的力在内部是如何发生作用的一种方法

海洋中的爬行动物与翼龙

2亿130万年前—1亿4500万年前

[中生代]

中生代是指 2 亿 5217 万年前—6600
万年前的时代，是地球史上气候尤为
温暖的时期，也是恐龙在世界范围内
逐渐繁荣的时期。

—顾问寄语—

东京学艺大学副教授　佐藤玉树

古生代晚期出现的爬行类呈现出惊人的多样化发展，

在中生代来到陆地、天空和海洋。

奇妙的翼龙飞翔在恐龙的头顶。

大海里，蛇颈龙和鱼龙同菊石类动物共存共荣。

我们来领略一下那个时代的天空和海洋的风貌吧！

记住侏罗纪天空样貌的大地

德国南部的索伦霍芬，是个一千多人的小城，但作为化石产地，在世界上享有很高的知名度。此地出产的化石多种多样，包括植物化石、昆虫化石、恐龙化石等，其中最引人注目的是翼龙等在空中飞行的脊椎动物的化石。正如奶油色的石灰质沉积岩所呈现的，侏罗纪的索伦霍芬地区是一片珊瑚礁以及被珊瑚礁包围的礁湖。翼龙在海面上飞来飞去，炫耀着自己的繁荣，它们翱翔天空的轨迹被刻在这片土地上。

索伦霍芬采石场是闻名
世界的石灰岩产地

索伦霍芬的石灰岩开采历史悠
久，常用于建筑材料及平版印刷。
其中发现了鱼类、甲壳类、昆虫
及植物等形形色色的生物化石，
也因为发现了最古老的鸟类——
始祖鸟的化石而世界闻名。采石
场内还有普通人也能体验的挖掘
设施。

翼龙的天空

就像原本只能生存在深海的原始生命来到浅滩、生存在海洋里的泥盆纪鱼类完成登陆一样，地球历史上的先锋常常向往新的天地。约3亿年前的石炭纪时期，昆虫第一次飞上了天空，约2亿2000万年前的三叠纪晚期，翼龙也跟上了昆虫的脚步。到了6000万年后的侏罗纪晚期，在相当于现在德国的潟湖上空，进化了的翼龙繁荣一时。在那个时期，巨大的昆虫销声匿迹，鸟类还未登上历史舞台，侏罗纪的天空是属于翼龙的。

蛇颈龙和鱼龙

统治海洋生态系统的海生爬行类

侏罗纪时期，恐龙阔步走上陆地。海生爬行类与恐龙走上了不同的进化之路，其中有两种动物在海洋世界迎来了繁荣——蛇颈龙和鱼龙。

侏罗纪时期丰富多彩的海洋生态系统

三叠纪早期结束之际，爬行类中出现了将生存区域从陆地扩大到海洋的动物。这些海生爬行类历经三叠纪变得多样化，然而由于 2 亿 130 万年前三叠纪末的生物大灭绝，仅有少数物种幸存下来，其他大部分都灭绝了。海洋生物受到了严重的打击。

然而进入侏罗纪，广阔的浅海里再次充满了多种多样的生物。真骨鱼类登场，包括菊石类、箭石（类似于乌贼）在内的头足类生物也很繁荣。在复苏的海洋生态系统中，海生爬行类再一次巩固了势力。

其中最繁荣的是蛇颈龙和鱼龙。蛇颈龙的特征是有着长长的脖子以及像桨一样的四鳍，而鱼龙身形类似于现在的海豚，能够在水中快速游动。蛇颈龙和鱼龙以小型鱼类、头足类、贝类等为食，不久就成了海洋生态系统的统治者。

恐龙在陆地上迎来了全盛期，同一时期蛇颈龙和鱼龙称霸了海洋世界。我们来近距离观察它们的生存状态吧！

☐ 侏罗纪时期的地中海是温暖的浅海

泛大陆在侏罗纪时期再次开始分裂，北面成为劳亚古陆，南面成为冈瓦纳古陆。夹在中间的海域与原本是内海的古特提斯海相联结，形成广阔的特提斯海。赤道附近的特提斯海岸边分布着广阔的浅滩，温暖的洋流汇入其中。

太平洋

侏罗纪时期的海洋

蛇颈龙、鱼龙、海生鳄类等海生爬行类以及鲨鱼类是侏罗纪时期海洋中的实力派。多数翼龙与海生爬行类一样，主要以鱼类为食，也许是同一生态系统中的竞争者。

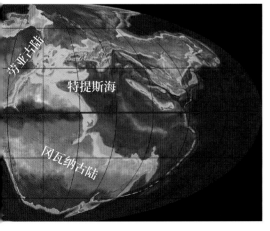

劳亚古陆

特提斯海

冈瓦纳古陆

蛇颈龙和鱼龙是不同于恐龙的动物。

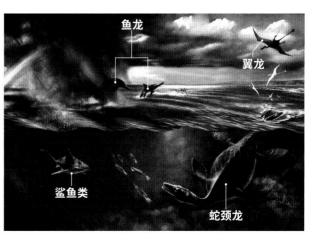

鱼龙

翼龙

鲨鱼类

蛇颈龙

已经完全适应水中生活的两大海洋势力

这些全都是从爬行类进化而来的动物。

现在人们所掌握的蛇颈龙类中，化石最早被发现的是约 1 亿 9000 万年前侏罗纪早期的蛇颈龙，它是一种什么样的动物呢？

它的身体扁平而宽大，四肢上的指头无法个别活动，变成了鳍，进化成最适宜在水中生活的模样。最引人注目的是它那长长的脖子，蛇颈龙的脖子有约 40 块颈椎骨，脖子的长度与身体基本相同，甚至可能比身体还长。

为什么脖子这么长？

那么，长脖子有什么优势呢？实际上这是围绕蛇颈龙的一个谜团。

蛇颈龙的脖子并不能像我们想象的那样可以自由弯曲。各个关节只能一点点地弯曲，随着颈椎骨数量的增加最终完成大角度的弯曲。

蛇颈龙主要捕食小型鱼类及头足类，长脖子也许有助于捕捉快速移动的食物。但另一方面，脖子太长会让蛇颈龙毫无防备，遭遇敌袭时是一个致命之处。尽管这样，之后蛇颈龙的同类中仍然出现了拥有更长脖子的物种[注1]。也许它们的长

脖子有着我们所不知道的优势。

侏罗纪时期，蛇颈龙将其生存区域扩展到世界各地的海洋，其中也出现了与蛇颈龙有着相反的身形——脖子短和头部大的物种。之后，蛇颈龙继续统治海洋，直至白垩纪末（约 6600 万年前）与恐龙几乎同时灭绝。

发达的"尾鳍"以及巨大的眼睛

我们来看一下侏罗纪时期海洋中的另一大势力——鱼龙。说到鱼龙，其类似于海豚的流线型身体最为人所熟知，但在三叠纪时期，除此之外还有像鳗鱼一样游泳的鱼龙和巨大的鲸鱼型鱼龙等。

进入侏罗纪之后，海豚型以外

蛇颈龙和鱼龙的进化

蛇颈龙类可能是从出现于三叠纪的幻龙类[注2]进化而来的，还没有发现其直接的祖先。鱼龙类在三叠纪已经出现了，但它是从爬行类中的何种动物进化而来的尚不明确。

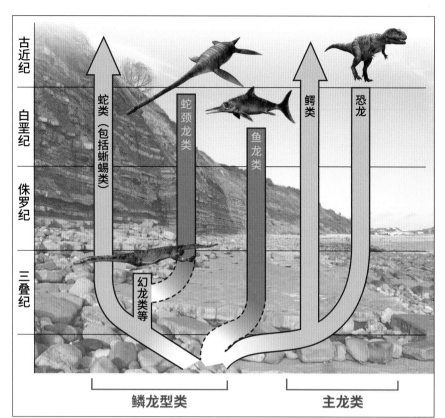

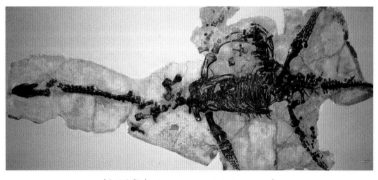

蛇颈龙 | *Plesiosaurus dolichodeirus* |

1821年，蛇颈龙的化石被发现，并首次作为蛇颈龙这种动物被记录下来，因此蛇颈龙的名字也作为蛇颈龙亚目的总称而被知晓，是蛇颈龙亚目的代表性物种。

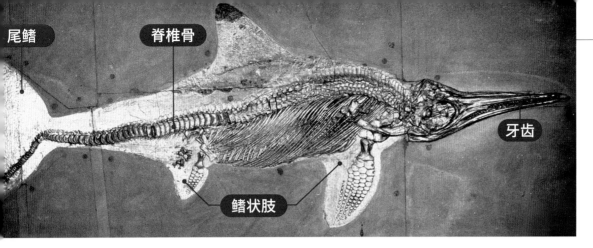

尾鳍　脊椎骨

牙齿

鳍状肢

○ 完全适应水中生活的侏罗纪时期的鱼龙

侏罗纪时期的鱼龙，前肢和后肢上已经没有了能够个别活动的指头，四肢完全变成了鳍。而且，尾部尖端的骨骼朝下，形成像现生金枪鱼一样的尾鳍。每根脊椎骨都较平，呈圆盘状，数量有所增加。因此，躯干能够灵活地运动。

狭翼鱼龙
| *Stenopterygius megacephalus* |

生存于侏罗纪早期至中期的一种恐龙，全长约2~4米。四肢转化为鳍，有尾鳍，进化出了能快速游动的身体。从前端尖细的吻部推测它能喷水。

蛇嘴鱼龙
| *Leptonectes tenuirostris* |

生存于三叠纪晚期至侏罗纪早期的一种鱼龙，全长约3.6米。其特征是长有细长的吻部。

科氏鱼龙
| *Ichthyosaurus communis* |

在以欧洲为中心的大范围地层中发现的种类。能够看到鱼龙的典型特征——有着巨大的眼窝，鳍状肢上小骨汇集。

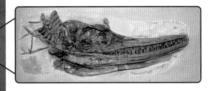

吻部较长

的鱼龙全都消失了。侏罗纪时期的鱼龙很多都与蛇颈龙一样，拥有完全变成鳍的四肢。三叠纪的鱼龙有很多尖细的尾巴，到了侏罗纪，尾巴前端的骨骼向下弯曲，形成了与现在金枪鱼一样漂亮的尾鳍。这些变化说明侏罗纪时期的鱼龙已经有了能快速游动的形态。

另外，从头骨的眼窝可以推断，侏罗纪的多种鱼龙都长有巨大的眼睛，能在黑暗的深海中捕食。鱼龙能够捕食鱼类及头足类，处于海洋生态系统的顶端，也许多亏了这种"夜视能力"。

鱼龙在侏罗纪末到达鼎盛期，但是进入白垩纪后数量急速减少，于约9000万年前的白垩纪晚期灭绝。鱼龙究竟为什么会灭绝？众说纷纭，至今没有明确的答案。

科学笔记

【拥有更长脖子的物种】
第108页注1

在蛇颈龙中有一类叫作薄片龙的恐龙，脖子特别长。在加拿大白垩纪晚期的地层中发现的薄片龙类阿尔伯塔泳龙，据推测其全长约11米，脖子长约7米，有76块颈椎骨，这个数量比恐龙要多很多。

【幻龙类】 第108页注2

生存在三叠纪中期至晚期的海生爬行类，保留了带指的四肢、长尾巴等陆生动物的特征。现在人们认为它是与蛇颈龙亚目最相近的种类。

杰出人物

在13岁的少女时代第一次发现了鱼龙

　　玛丽·安宁小时候经常售卖她在英国西南部莱姆里吉斯海边发现的化石。1812年她13岁，首次发现了完整的鱼龙骨骼化石，1823年她发现了蛇颈龙的骨骼化石，1828年她在德国以外首次发现了翼龙的完整骨架化石。她对古生物学的贡献巨大，在47岁去世之前，伦敦的地质学会正式承认了她的功绩。

化石采集家、博物学者
玛丽·安宁
（1799—1847）

随手词典

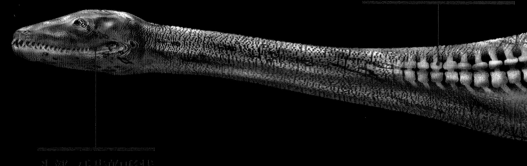

棱蛇颈龙 | Cryptoclidus |

蛇颈龙亚目的一员，生存于侏罗纪晚期。体长约3～4米，体形不大，曾发现过其被巨大蛇颈龙捕食的情况。

约有30块颈椎骨

作为蛇颈龙亚目的一员，其脖子长度中等，可能只能朝下活动，大概是为了捕捉下方的食物才形成了这种构造。

【卵生还是胎生】

爬行类产卵时需要爬上陆地，因此推测生存于水中的蛇颈龙是胎生的。但是至今为止没有发现证明胚胎存在的化石，确切情况还不知晓。

【上龙类】

上龙是生存于侏罗纪至白垩纪的蛇颈龙，头部较大，脖子较短。曾经也将这种脖子较短的蛇颈龙类归入上龙超科，将头小脖子长的分类为蛇颈龙超科。

【泳姿】

水生动物的泳姿有像海豚一样用尾鳍游泳的类鱼型方式、像鳄鱼一样扭动身体的方式和在水中飞翔的方式。

头部、牙齿的形状

棱蛇颈龙的特征是具备可以上下咬合的尖锐牙齿，能够捕食甲壳类动物。眼睛朝上。

完整的鳍状肢

进化成桨形的鳍状肢。在蛇颈龙亚目中，它的鳍算是比较长的，前端呈尖尖的形状，通过上下活动产生推进力。

实际上脖子较短的蛇颈龙也曾经繁荣过

在各种各样的蛇颈龙中也出现过很多头部较大、脖子较短的种类。与以薄片龙为典型代表的脖子较长的蛇颈龙相对应，叫作上龙类的这一种类是肉食性动物，能够快速游动。

长约10厘米的坚固牙齿

肉食性动物，具有坚固的牙齿，也捕食其他蛇颈龙及鱼龙。有的个体全长近20米，是当时海洋中最大级别的肉食性爬行类。

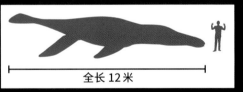

全长12米

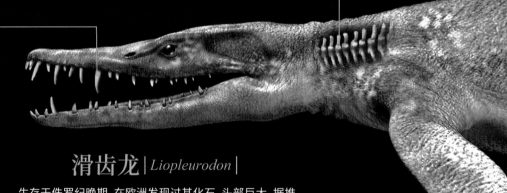

滑齿龙 | Liopleurodon |

生存于侏罗纪晚期，在欧洲发现过其化石。头部巨大，据推测全长为7～12米。大而强壮的鳍状肢助其快速游动。

观点 ⟳ 碰撞

蛇颈龙至今仍谜团重重的泳姿

有关蛇颈龙的泳姿说法很多，现在还没有定论。它们大概是像企鹅、海龟一样将鳍当作翅膀摆动，采用"水中飞翔"的姿势。但是，拥有4个大小几乎相同的鳍状肢的蛇颈龙会采取怎样的"展翅"方式呢？是交替上下摆动？还是同时上下摆动？又或是前后摆动？就此出现了种种假说。

所有的鳍状肢同时上下摆动？

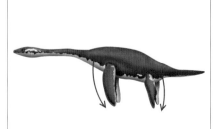

鳍状肢向斜下方摆动时会前进及上升。这种可能性会大一点么？

前后鳍状肢交互上下摆动？

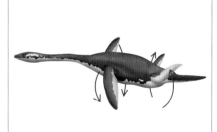

前后鳍状肢交替上下摆动。前鳍状肢引起的水流遇到后鳍状肢，推动力会不会减弱？

尾巴较短

三叠纪的海生爬行类多数将长长的尾巴作为辅助推进的器官。但蛇颈龙尾巴变短了，是因为作为推进器官的鳍较发达。

原理揭秘

蛇颈龙是什么样的动物？

新的学说 **蛇颈龙是胎生的！**

蛇颈龙是卵生还是胎生？长期以来没有明确的答案。2011 年，有研究确认在蛇颈龙化石的腹部发现了胚胎化石，基本证实蛇颈龙为胎生。

椎骨

从宽大的椎骨可以推测出整个体形较为敦实厚重。

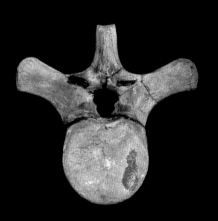

蛇颈龙是一种充满谜团的动物，我们甚至不太了解其游泳方式。难以弄清其形态的原因在于，之前和之后都不存在与蛇颈龙形态类似的海生动物，在推测其运动及形态方面找不到可作为参照的动物。让我们以现存极少的化石为线索，走近这个已经从地球上消失的"海洋霸主"。

真哺乳类的生态

这个时期，在空中滑翔的哺乳类已经登场了！

在恐龙统治的世界里出现了真哺乳类

各种各样的恐龙登场，它们作为陆地『霸主』统治着侏罗纪的大陆。但就在恐龙的眼皮底下，一群小型动物各自完成了进化，开始多样化的进程。它们就是真哺乳类。

成为真哺乳类的条件是什么？

三叠纪晚期，从兼具爬行类和哺乳类特征的单孔类动物犬齿兽中出现了哺乳形类[注1]。大多数的三叠纪原始哺乳形类具备与哺乳类共通的若干特征，但还不具备真哺乳类的重要特征，可以说它们处于进化途中。

大概在侏罗纪时期，从这种原始哺乳形类中出现了真哺乳类。那么在这个时代，它们完成的重要进化是什么呢？

其一就是颚骨的变化，这一变化不久也影响到了耳朵。在这一进化过程中，哺乳类的听觉有了飞跃性的提升。

侏罗纪时期，恐龙迎来繁荣。为了躲避肉食性恐龙等捕食者，对于主要在暗夜中活动的早期哺乳类来说，敏锐的听觉大有用处。小小的哺乳类尝试着各种形式的进化，在严酷的环境中生存了下来。

最古老的滑翔哺乳类
远古翔兽
Volaticotherium antiquus

侏罗纪中期森林里的一种滑翔哺乳类。据推测，其大小、形态和现在的飞鼠相似，是证明这一时代的早期哺乳类已经进化为多种形态的好例子。

● 远古翔兽的化石

在中国北部发现的化石（中国科学院古脊椎动物与古人类研究所收藏）。据推测，头骨长约35毫米，身体大小与小型松鼠相当。中间能够看到的是发达的皮肤膜翼膜的痕迹，这是滑翔脊椎动物的特征。上部有头骨和下颚骨，排列有小小的牙齿。2006年发现的这种动物是已知最古老的滑翔哺乳类。

头骨和下颚骨

翼膜的痕迹

早期哺乳类的颚骨只有几毫米，通过这些小骨头可以知道很多事情。

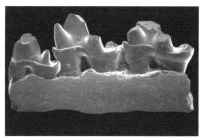

昂邦兽的牙齿。已经具备了哺乳类的重要特征"三磨楔齿型"的臼齿

单孔类的祖先之一昂邦兽
| *Ambondro mahabo*

现已发现的真哺乳类中最原始的动物之一。推测全长为6厘米。单孔类是哺乳类的一种，现仅存鸭嘴兽和针鼹，起源尚不明确。昂邦兽是其祖先之一。

现在我们知道！

真哺乳类的特征在于颚和耳朵的构造

三叠纪晚期登场的原始哺乳形类多数为贼兽、摩尔根兽等与现生鼠类相似的小型四肢动物。这些原始哺乳形类是靠体内发热维持体温的内温性动物，已经具备了与哺乳类相通的特征，但还缺少成为真正哺乳类的几个重要特征。

在侏罗纪，这些原始哺乳形类中终于出现了向真哺乳类进化完成的动物。那么，将两者区分开来的是什么呢？在真哺乳类的几个特征中，尤其重要的是下颚骨和耳朵的构造。

3个听小骨是哺乳类的特征

我们来看一下构成下颚的骨头数量。例如，出现于三叠纪的单孔类动物犬齿兽的下颚是由多块骨骼构成的，即"齿骨""关节骨""角骨""上角骨"。其中关节骨和位于头骨侧面的方形骨咬合，形成颚关节，这是与爬行类动物相通的特征。

而真哺乳类的下颚仅由齿骨构成，与头骨侧面的"鳞状骨"一起形成颚关节。那么，在早期单孔类的颚关节里存在，而在真哺乳类里消失的骨头到哪里了呢？

在耳朵里。包括人在内的哺乳类的中耳里有镫骨、锤骨、砧骨这3块听小骨[注2]，而哺乳类以外的四肢动物中只有镫骨。剩下的2块骨头——曾经构成爬行类颚关节的关节骨和方形骨进入了耳朵的构造中。

拥有3个听小骨是所有四肢动物中只有真哺乳类才具备的特征。原始哺乳形类比犬齿兽类有所进化，但颚关节还残留着关节骨和方形骨，听小骨只有镫骨。判断真哺乳类的特征之一，就是颚关节及耳朵的构造。

有着多样生态的侏罗纪哺乳类

3块听小骨能够将鼓膜捕捉到的声音振动有效地放大并传送到耳朵内部。有了这3块听小骨，哺乳类的耳朵能够听到微小及音调较高的声音。

侏罗纪登场的真哺乳类与原始的哺乳形类相同，主要是夜行性动物。它们之所以在夜间行动是因为大多数肉食性恐龙等捕食

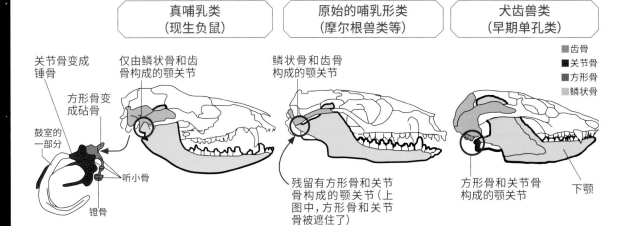

| 真哺乳类（现生负鼠） | 原始的哺乳形类（摩尔根兽类等） | 犬齿兽类（早期单孔类） |

■齿骨
■关节骨
■方形骨
■鳞状骨

关节骨变成锤骨
方形骨变成砧骨
鼓室的一部分
听小骨
镫骨

仅由鳞状骨和齿骨构成的颚关节

鳞状骨和齿骨构成的颚关节

残留有方形骨和关节骨构成的颚关节（上图中，方形骨和关节骨被遮住了）

方形骨和关节骨构成的颚关节

下颚

🔲 真哺乳类的颚及听小骨的变化

由多块骨头构成的早期单孔类动物的下颚骨在哺乳类中变成了1块。处于中间阶段的原始哺乳形类已经被确认具有爬行类的颚关节（方形骨和关节骨构成的关节）和哺乳类的颚关节（齿骨和鳞状骨构成的关节），具备"双重关节"，这说明颚的进化经过了复杂的过程。

侏罗纪哺乳类的生态及形态

近年来的研究成果已经令侏罗纪哺乳类多样的生态变得清晰起来。不仅有小老鼠型,还出现了挖洞型、鼯鼠型等其他多种类型,它们来到了地面和空中。

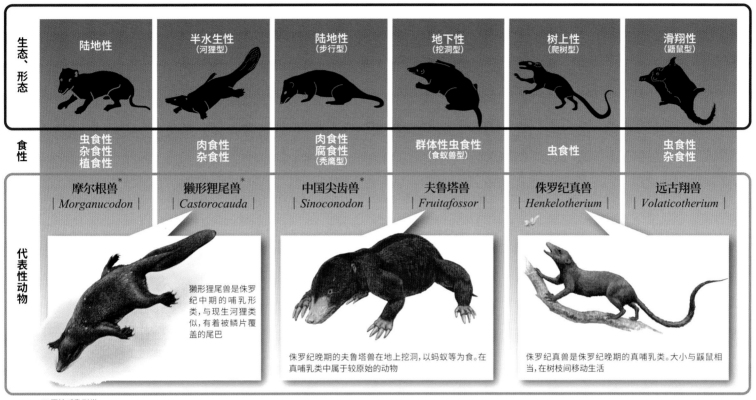

	陆地性	半水生性 (河狸型)	陆地性 (步行型)	地下性 (挖洞型)	树上性 (爬树型)	滑翔性 (鼯鼠型)
生态、形态						
食性	虫食性 杂食性 植食性	肉食性 杂食性	肉食性 腐食性 (秃鹰型)	群体性虫食性 (食蚁兽型)	虫食性	虫食性 杂食性
代表性动物	摩尔根兽* | Morganucodon |	獭形狸尾兽* | Castorocauda |	中国尖齿兽* | Sinoconodon |	夫鲁塔兽 | Fruitafossor |	侏罗纪真兽 | Henkelotherium |	远古翔兽 | Volaticotherium |

獭形狸尾兽是侏罗纪中期的哺乳形类,与现生河狸类似,有着被鳞片覆盖的尾巴

侏罗纪晚期的夫鲁塔兽在地上挖洞,以蚂蚁等为食。在真哺乳类中属于较原始的动物

侏罗纪真兽是侏罗纪晚期的真哺乳类。大小与鼯鼠相当,在树枝间移动生活

※ 原始哺乳形类。

者在夜间不活动。灵敏的听觉是进行夜间活动强有力的武器。对于食虫性动物来说,耳朵也能够帮助它们敏锐地捕捉到虫子发出的声音。

拥有了新能力的哺乳类之后又完成了怎样的进化呢?近年的研究成果清楚地表明侏罗纪时期的哺乳类完成了令人惊讶的多样化进化,出现了像现在的鼯鼠一样在树和树之间移动的动物,以及像鼹鼠那样挖洞生活的动物。不同的动物适应了不同的环境。小小的哺乳类为了自身的生存,尝试着各种进化实验。

早期哺乳类几乎都是卵生动物

与一般哺乳类给人的印象相反,侏罗纪时期登场的很多真哺乳类都会产卵,是用乳汁养育后代的卵生动物。占现生哺乳类大部分的有胎盘类[注3],以及包括现生袋鼠在内的有袋类[注4],它们的祖先是在侏罗纪晚期至白垩纪才出现的。

现生哺乳类中罕见的「卵生」动物——鸭嘴兽(单孔类)的出生场面

科学笔记

【哺乳形类】 第112页 注1
包括三叠纪晚期出现的贼兽类、摩尔根兽类、柱齿兽类及现生哺乳类在内的一个分类群体。曾经贼兽类、摩尔根兽类、柱齿兽类等原始哺乳形类被一并归入哺乳类,从20世纪80年代后期开始,科学家们将它们与真哺乳类区分开来。

【听小骨】 第114页 注2
将声音传入内耳的骨头,存在于两栖类之后的脊椎动物的耳朵里。两栖类、爬行类及鸟类的听小骨都只有一个镫骨,只有哺乳类还有包括锤骨、砧骨在内的3块听小骨。

【有胎盘类】 第115页 注3
指哺乳类中母体拥有发育好的胎盘,能够生出发育良好的胎儿的真兽类。包括除单孔目、有袋类之外的一切现生哺乳类。

【有袋类】 第115页 注4
在发育阶段没有形成胎盘,胚胎在未成熟的状态下出生,在母亲腹部的育儿囊里长大的哺乳类,属于后兽类。现存的有袋类包括袋鼠、负鼠、树袋熊等。

翼龙的进化

翼龙向史上最大的飞行生物进化

翼龙最早在三叠纪晚期出现在陆地上，那时它的大小与现在的乌鸦相当。它们在侏罗纪时期完成了戏剧性的进化，在接下来的白垩纪实现了巨型化，成为天空的统治者。

达尔文翼龙是2009年刚刚登记的新种类。

翼龙在侏罗纪时期迎来重要的转折点

陆地上，哺乳类长出"耳朵"，海洋中，海生爬行类日渐繁荣，与此同时，天空中也即将迎来变化。

侏罗纪中期，在相当于今天中国辽宁省的土地上，水边茂密的树上出现了与现生动物完全不同的爬行类动物，它们拥有长着尖锐牙齿的细长头部、长长的脖子和尾巴、在空中飞翔时张开的翼……这种被称为达尔文翼龙的动物在100多种翼龙中大放异彩。

翼龙可以分为两大类，即三叠纪晚期登场的较为原始的喙嘴龙类和侏罗纪晚期登场的进化程度较高的翼手龙类。而达尔文翼龙不属于任何一类，它兼具两者的特征，是喙嘴龙类向翼手龙类进化过程中"缺失的一环"。达尔文翼龙翼展70～90厘米，仅有乌鸦大小。其后登场的翼手龙类则最终进化成了恐龙时代的天空霸主——超级巨大的翼龙。

达尔文翼龙
|*Darwinopterus*|

在树上求爱的达尔文翼龙
的想象图。有冠的为雄性，
无冠的为雌性。要辨别已
经灭绝的动物的性别是比
较困难的事，而翼龙中的
达尔文翼龙、无齿翼龙等
可以通过与卵一同被发现
的化石以及头部的冠状特
征等来判明雌雄。

缺失的一环被发现，翼龙进化的轨迹逐渐清晰

盛产翼龙化石的索伦霍芬
位于德国南部拜恩的化石产地。从位于潟湖的石灰岩地层中发现了300多种恐龙、翼龙、鱼龙、鱼类、植物、昆虫等的化石。

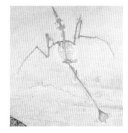

明氏喙嘴龙
| *Rhamphorhynchus muensteri* |
在喙嘴龙类中属于晚期的种类，出现于侏罗纪晚期。翼展约30～180厘米。

对于脊椎动物来说，天空是它们未曾踏入的世界。三叠纪末，第一次飞上天空的翼龙在这个不存在竞争对手的新世界里开始扩张自己的势力范围。侏罗纪之后，翼龙将其生存区域扩大到了地球上的各个大陆。在这一繁荣的过程中，诞生了各种各样的翼龙。

侏罗纪中期至晚期翼龙的新旧交替

位于德国南部的化石产地索伦霍芬以出产了最古老的鸟类始祖鸟的化石而闻名。这片土地在侏罗纪晚期是与外海相隔绝的一片广阔潟湖，生存着多种多样的鱼类，而翼龙多以鱼类为食，因此保存了丰富的翼龙化石。

其中引人注目的是明氏喙嘴龙和古老翼手龙的化石。正如其名字所示，前者是较为原始的喙嘴龙类，后者是进化程度较高的翼手龙类。

翼龙的历史始于三叠纪登场的喙嘴龙类，经过从喙嘴龙类中分支出来的过渡种类达尔文翼龙，最后进化到了侏罗纪晚期的翼手龙类。

明氏喙嘴龙和古老翼手龙虽然是生存在同一时代的翼龙，但身体

达尔文翼龙
| *Darwinopterus modularis* |
可以呈现从喙嘴龙类向翼手龙类进化的过渡过程的一种翼龙。翼展约70厘米。这块化石在后肢之间确认有卵，因此断定其为雌性，是能够判断雌雄的珍贵化石。

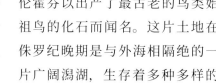

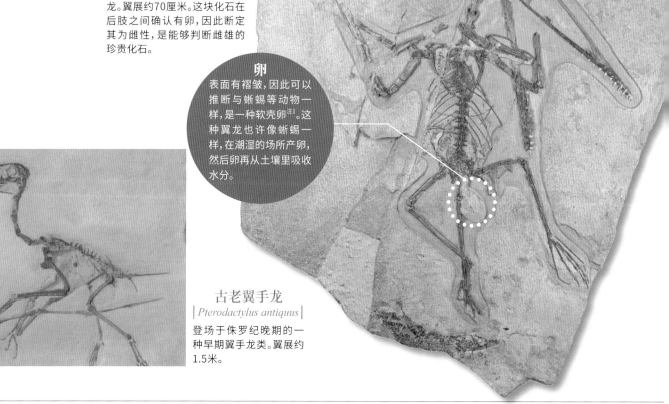

卵
表面有褶皱，因此可以推断与蜥蜴等动物一样，是一种软壳卵[注1]。这种翼龙也许像蜥蜴一样，在潮湿的场所产卵，然后卵再从土壤里吸收水分。

古老翼手龙
| *Pterodactylus antiquus* |
登场于侏罗纪晚期的一种早期翼手龙类。翼展约1.5米。

翼龙的谱系图

现在已有100多种翼龙得到确认。它们大致分为较原始的喙嘴龙类和进化程度较高的翼手龙类。下面是代表性的翼龙及其谱系。

无齿翼龙|*Pteranodon*|
头部后方的冠起到了飞行中舵的作用。翼展最大为7米。

风神翼龙|*Quetzalcoatlus*|
属于神龙翼龙科史上最大的翼龙，据推测翼展可达10米以上。

梳颌翼龙|*Ctenochasma*|
有无数颗针一样的牙齿，捕食甲壳类。翼展约1.2米。

鸟掌翼龙|*Ornithocheirus*|
白垩纪早期最大的恐龙。有说法认为其翼展可达6米。

喙嘴龙类
翼手龙类

构造大为不同。明氏喙嘴龙尾巴较长，前肢的手背骨较短，后肢的第5指较长。而古老翼手龙尾巴较短，手背骨较长，而且有着长长的脖子，后肢第5指几乎消失。

在生存竞争中，这种身体形态的不同会带来什么样的影响还不得而知，但是在它们共同生存之后不久，到了白垩纪早期，喙嘴龙类就已经灭绝了，而翼手龙类继续进化了下去。

进化给翼龙的身体形态带来了什么？

侏罗纪晚期至白垩纪出现了多种多样的翼手龙类，比如长了无数针一样的细小牙齿、像网一样过滤水中食物的梳颌翼龙，从侧面看冠部占据头部面积70%以上的掠海翼龙。它们要么牙齿特殊，要么冠部独特。虽然这些特征很引人关注，但在翼龙的多样化过程中，最重要的变化是身体的"大型化"。

三叠纪至侏罗纪的翼龙，最大翼展不到3米。侏罗纪最大的翼龙——抓颌龙的翼展为2.5米，相当于现在秃鹰的大小。到了白垩纪，翼龙开始变大，出现了人们熟知的无齿翼龙，其翼展最大可达7米。现存的飞行生物中漂泊信天翁的翼展最

近距直击

多彩的冠有什么用？

关于冠的作用有很多说法，如无齿翼龙的冠在飞行时起到舵的作用。其他主流的观点还有：吸引异性、辨别同伴等。从翼龙头部的大小来看，它已经具备了与现生鸟类相当的良好视力，有可能可以很好地区分冠的颜色和形状。

准噶尔翼龙

乔斯坦伯格翼龙（无齿翼龙）

古神翼龙

夜翼龙

浙江翼龙

翼手龙

翼展宽度

15m

10m

5m

0m

沛温翼龙　　　　　　达尔文翼龙　　　　　　无齿翼龙

2亿5217万年前　　　　　2亿130万年前　　　　　1亿4500万年前　　　　　6600万年前

三叠纪　　　　　　　侏罗纪　　　　　　　白垩纪

◯ 翼龙翼展的变化

图片展示了从发端至灭绝的各个时代翼龙的翼展。随着较大体形种类的登场，体形较小的翼龙便消失了。这一点很有趣。有一种较有说服力的观点认为，这是翼龙与在白垩纪同样繁荣的鸟类进行生存竞争的结果。

科学笔记

【软壳卵】 第118页 注1

学界一直公认一种观点：翼龙的卵壳是软的。2014年6月在中国和阿根廷分别发现了以立体形态保存的翼龙卵化石，在柔软的壳周围有一层厚度不到0.1毫米的钙质薄壳。中国的研究团队认为这是翼龙普遍性的卵，阿根廷的研究团队则提出，不同种类的翼龙会生出或软或硬的卵，就像现在的壁虎一样。

史上最大级别的翼龙——风神翼龙

在霸王龙存在的白垩纪末的美国地区发现了这种翼龙的一部分，据推测翼展有10～13米。

大，约 3.5 米。可见翼龙的翼展有多么夸张。

白垩纪末极其巨大的翼龙

为什么翼龙会变得如此巨大呢？实际上比较一种动物早期和晚期的大小，会发现晚期体形变大的并不少见。这被称为柯普定律：大体形有利于物种内和物种间的生存竞争。因此动物自然会从体形较小的祖先进化成体形较大的后代。

翼龙身上还有一点值得关注：它们作为具备飞行能力的动物，已经将巨型化推到极限。为了能够飞行，翼龙对身体进行了彻底的轻量化。例如，翼龙的骨骼是中空的，多数翼手龙类

没有牙齿，为的是可以最大程度地控制颚部肌肉。由于具备这些特征，无齿翼龙虽然翼展达 7 米，体重却只有令人惊讶的 40 千克。

翼龙随着时代的前进变得越来越大，到了白垩纪末，风神翼龙登场了，可以说达到了巨型化的顶点——其翼展超过 10 米，站立在地面时有长颈鹿那么高，是史上最大的飞行生物。

白垩纪末发生了大灭绝事件，翼龙和恐龙一起从大地上消失了。空前绝后的巨大翼龙，在恐龙的头顶会呈现出怎样的飞翔姿态呢？正因为很难确认，所以这位恐龙时代的天空霸主才一直激发着我们的想象。

巨大的翼龙不会飞？

观点⊘碰撞

据推测，风神翼龙的最大体重可达 250 千克。据东京大学的科学家于 2009 年发表的研究报告显示，这么巨大的翼龙有可能不会飞。根据现生鸟类的体重和体形为依据测算得知，翼展超过 5.1 米的动物将无法停留在空中。该研究显示，巨大的翼龙如果要长时间飞翔，要么需要地球引力较小，要么需要大气密度较大，总之需要一种与现在不同的环境才行。

从足迹化石了解翼龙的生态

"足迹"胜于雄辩

翼龙翱翔在中生代的天空，要再现它们在空中飞翔的姿态是比较困难的。而要探究它们落到地面的姿态，除了骨骼化石之外，还要借助足迹化石。

翼龙是仅用后肢像恐龙一样行走，还是也使用带翼的前肢进行四肢行走呢？足迹化石可以回答这个问题。这里介绍一种无齿翼龙的足迹化石。曾经有人认为这种化石是鳄鱼的足迹，但通过比较翼龙的化石和现生鳄鱼的足迹，可以确认这是翼龙的足迹，也明确了翼龙是用4只脚行走的这一点。从足迹可以知道，翼龙的3根指头指向外后方，支撑翼的第4根较长的手指是不触碰地面的。

翼龙的着陆方式，也可以通过足迹化石获得信息。科学家在法国发现了翼龙着陆时的足迹。普通翼龙的足迹是左右交叉的，但这个足迹是左右并排走了3步之后才像普通足迹那样交叉行走的，而且第1步没有前肢着陆的痕迹。

■鳄鱼和无齿翼龙的足迹比较

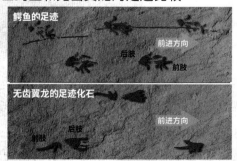

与鳄鱼的足迹相比，翼龙的足迹中前肢的3指朝向外后方，而且两者的落脚点也有所不同。

■翼龙着陆

根据在法国发现的足迹复原的翼手龙类着陆的想象图。到左数第4步，翼龙开始进行步行。

活灵活现地复原翼龙着陆的情形

从这一足迹我们可以猜想翼龙的着陆方式：首先，左右后肢并排着地，在前肢着地之前两脚跳跃1步，然后以前肢撑地，在第3步之后"手脚"才移动到平常走路时的位置开始行走。第1步的足迹中有向前拖拽脚趾的痕迹，但第1步和第2步之间的间隔较小，意味着翼龙在着陆之前会张开翼进行短暂的"顿步"。另外，拉长的爪痕表明其在空中无法完全减速。这种在着陆前用翼进行减速的行为在鸟类中也存在。

从翼龙的足迹还可推算出体重。从全罗南道足迹化石推测，该足迹的主人体重约150千克。只是，全罗南道足迹化石是否真的是翼龙的足迹，由于该足迹化石保存状况不好，还存在争议。

很少有人知道日本也发现了特有的翼龙足迹化石。这块无齿翼龙的足迹化石是在福井县胜山市的恐龙挖掘现场发现的。足迹较小，估计翼龙体重约为200克。此外还发现了翼龙为寻找食物用嘴戳地面的痕迹。大约1亿2000万年前，也有小型的翼龙飞翔在日本上空。

久保泰，1979年出生。东京大学大学院理学系研究科地球行星科学专业博士，专攻古脊椎动物学。通过与现生动物的足迹作比较、调查骨骼的受力状况等生物力学的方法，研究过去生物的步行方式。

喙嘴龙类

翼展2米以下的种类居多。很多种类的长尾前端有菱形的膜，呈"苍蝇拍"形，就像飞行定向的舵。由于几乎没有发现其足迹化石，因此推测它们并不落地，只在树上生活。

数据	
生存时代	三叠纪晚期至白垩纪早期
鼎盛期	侏罗纪
主要种类	喙嘴龙、蛙嘴龙
最大种类	抓颌龙（翼展约2.5米）
最小种类	多毛索德斯龙（翼展约60厘米）

前肢的手背比之后出现的翼龙短。

恐龙体内也存在支撑脖子的颈肋骨。

长尾。蛙嘴龙科的翼龙例外，它们尾巴较短。

后肢的第5指较长，后肢和尾巴之间有发达的膜。

头骨、眼窝和鼻孔之间有一个前眼窝孔，这是与恐龙相同的特征。

翼手龙类

与原始的喙嘴龙类相比，翼手龙类身体各部分的比例有较大的改变。头部不再像喙嘴龙类那样与脖子在一条直线上，而是带有了像鸟类一样的角度。嘴向前突出，脖子较长。由于尾巴较短，适合步行，有在陆地行走的足迹化石被发现。

数据	
生存时代	侏罗纪晚期至白垩纪末
鼎盛期	白垩纪
主要种类	翼手龙、无齿翼龙
最大种类	风神翼龙（翼展超过10米）
最小种类	董氏中国翼龙（翼展约60厘米）

前肢的手背比喙嘴龙类长。

眶前孔。通过比较眼窝前孔的数量能较为容易地区分不同种类的翼龙。

尾巴明显较短，没有辅助飞行的作用。

特征是长长的脖子，没有颈肋骨。

※喙嘴龙类和翼手龙类都存在各种各样的种类。此页介绍的骨骼图将喙嘴龙类和翼手龙类共通的特征进行了抽象化，不表示特定的种类。

达尔文翼龙 | *Darwinopterus* |

身体的后半部分能够看到喙嘴龙类的特征,前半部分能够看到翼手龙类的特征。它被发现的那一年正值达尔文诞生200周年,因此取名达尔文翼龙。它展示了进化论所提出的进化过程。能够如此明确地了解原始种类是如何进化的,这样的例子还较为少见。

数据

生存时代	侏罗纪中期	分类	翼龙目
生存区域	中国辽宁省	翼展	70~90厘米

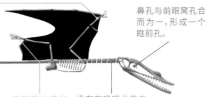

前肢手背较短,是与喙嘴龙类共通的特征。

鼻孔与前眼窝孔合而为一,形成一个眶前孔。

与喙嘴龙类一样的长尾巴。据推测前端也有皮膜。

能够确认其具有支撑皮膜的长长的第5指。

没有在喙嘴龙类中可见的颈肋骨。

※蓝色字是喙嘴龙类的特征,粉色字是翼手龙类的特征。

原理揭秘

翼龙的骨骼是如何进化的?

占翼龙大多数的喙嘴龙类生存于三叠纪后半期至侏罗纪末,翼手龙类则于侏罗纪晚期登场,是白垩纪时期主要的翼龙。达尔文翼龙作为两者的过渡类型,在了解两者的进化过程方面极其重要。我们从三者的身体构造来探究翼龙是如何进化的。

🔍 近距直击 · · ·

翼龙有天敌吗?

蜥鸟盗龙的复原模型

在空中没有能够威胁翼龙的动物,然而,确实存在翼龙被恐龙吃掉的情况,虽然证据不多。在加拿大阿尔伯塔省白垩纪晚期的地层中发现的神龙翼龙科翼龙的胫骨里,插着小型肉食性恐龙蜥鸟盗龙的断齿。从肉食性恐龙的牙齿被折断这一点来看,翼龙的骨骼很结实。

地球博物志

中生代龟类化石

| Testudines |

与恐龙几乎同时期登场的爬行类

龟类与海生爬行类、恐龙、哺乳类的祖先一样诞生在三叠纪，历经侏罗纪、白垩纪，至今进化仍在继续。下面介绍一些中生代的早期龟类化石。

龟类的谱系位置

龟类长期以来被认为是古生代灭绝的爬行类"副爬行类"的遗存。但最近的DNA研究表明，乌龟属于爬行类中的双孔类，而且与鳄类、恐龙同为主龙类。

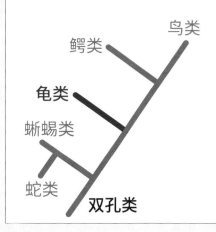

鸟类 / 鳄类 / 龟类 / 蜥蜴类 / 蛇类 / 双孔类

【半甲齿龟】

| Odontochelys semitestacea |

最古老的龟，龟壳仅存在于腹部。由于龟的化石是在浅海地层中被发现的，因此被认为是海生生物，但四肢的形态又显示其为陆生动物，有可能是死后被从陆地冲进了河口附近的海底。

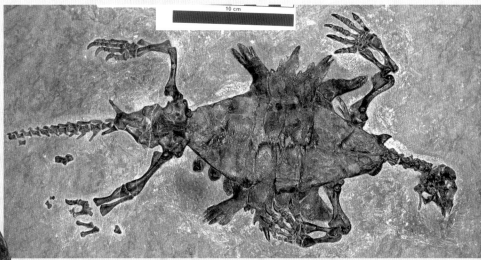

10 cm

数据	
年代	三叠纪晚期
化石产地	中国
大小	全长约40厘米

唯一一种颚部长有牙齿的龟，名字是"有牙齿的龟"之意。背部龟壳还不发达，在进化史上的定位尚待进一步研究

近距直击

现在的龟大致分为两类

谈到对乌龟的印象，我们首先会联想到"缩脖子"。其实，也有乌龟会将脖子水平弯曲，沿着龟壳边缘隐藏头部的乌龟。前者叫作潜颈类龟，后者叫作曲颈类龟，大多生活在南半球。从隐藏头部的方式，可以将龟分为两大类。这种分类方式一眼即知，十分方便。

曲颈类龟。南美的姬蟾头龟正将脖子横向弯曲隐藏起来

【原颚龟】

| Proganochelys quenstedtii |

实物大小

在发现半甲齿龟之前曾被认为是最古老的龟。这种龟具备与象龟类似的四肢，因此被认为是陆生动物。腹部及背部龟壳的构成、龟壳表面的沟、骨骼等已具备与现生龟类相通的特征。

数据	
年代	三叠纪晚期
化石产地	德国
大小	甲长约50厘米，全长约1米

头部结实，脖子及尾巴的骨板发达。作为龟类，其体形算是偏大的

【桑塔那龟】

Santanachelys gaffneyi

已知的最古老的海龟类。海龟为了调节盐分，泪腺发达，这种龟也具备肥大的泪腺。鳍状肢似乎是进入海洋之后才进化出来的，现阶段还不发达。

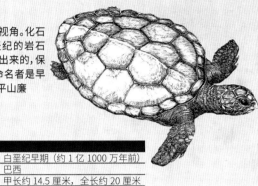

照片是背部的视角。化石是从巴西白垩纪的岩石中用甲酸分离出来的，保存状态良好。命名者是早稻田大学教授平山廉

数据	
年代	白垩纪早期（约 1 亿 1000 万年前）
化石产地	巴西
大小	甲长约 14.5 厘米，全长约 20 厘米

【新疆龟】

Xinjiangchelys

侏罗纪时期代表性的亚洲龟类之一，从四肢的构造可以分辨出是水陆两栖动物。从颈骨和头骨的构造推测它能够弯曲脖子缩回头部，被认为是现生潜颈类龟的祖先之一。

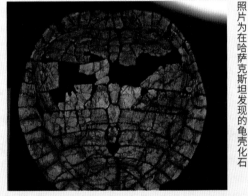

照片为在哈萨克斯坦发现的龟壳化石

数据	
年代	侏罗纪中期至白垩纪早期
化石产地	中国、中亚、日本、泰国等
大小	甲长 30 ～ 40 厘米

【原始龟】

Proterochersis robusta

与原颚龟在同一时代的地层中发现，只发现了它的骨盘和龟壳。隆起的龟壳与原颚龟的扁平龟壳明显不同，可知当时龟类已经开始多样化。

原始龟的甲壳与之后出现的龟类的甲壳已经没什么差别，进化程度相当高

数据	
年代	三叠纪晚期
化石产地	德国
大小	全长约 50 厘米

地球进行时！

"龟寿万年"是真的吗？

即使谈不上万年，象龟等大型龟的寿命也是非常长的。1766 年在印度洋的罗德里格斯岛捕获一只象龟，当时推测它的年龄为 50 岁以上，后来这只象龟一直活到 1918 年。类似的情况还有几例。由此可见象龟的寿命确实可以达到 200 年以上。另外有说法认为，大海龟的龟壳长 30 厘米需要约 23 年，生长速度慢是龟类长寿的原因之一。有的贝类能活 500 多年，但在脊椎动物中，象龟是最长寿的。

亚达伯拉象龟。据说龟类的年龄可以根据龟壳的年轮进行估计，但实际上只能正确数到 10 ～ 20 年，再之后年轮线就不清晰了，难以辨别

【古巨龟】

Archelon ischyros

甲长 2.2 米，全长 4 米左右，是史上最大的海龟。仅头骨的长度就有 80 厘米，体重达 2 吨。只在美国南科达他州附近约 8000 万年前的白垩纪晚期的地层中发现过其化石。

主要以水母和乌贼等为食。也有人认为其主要捕食菊石类动物

数据	
年代	白垩纪晚期
化石产地	美国
大小	全长约 4 米

烟雾笼罩的"地球裂缝"
伊瓜苏国家公园

横跨巴西巴拉那州和阿根廷米西奥斯内斯省，于 1986 年和 1984 年两次被列入《世界遗产名录》。

在雨季，横跨阿根廷和巴西的伊瓜苏大瀑布每秒要流下约 6.5 万吨水。在这里，流经热带雨林的伊瓜苏河轰隆而下，就像大量的水被地球张开的裂缝吞噬一般。风景极为壮观。

热带雨林孕育的生态系统

鞭笞巨嘴鸟
全长约 65 厘米，令人印象深刻的鲜橙色大嘴占了全长的 50%。

南美泰加蜥
最长可达 150 厘米，是南美洲产的一种大型蜥蜴，因其体色，也被称为阿根廷黑白泰加蜥。

长吻浣熊
浣熊科，特点是鼻子长。浣熊科中唯一因群居而被知晓的动物，有时能见到多达 30 只长吻浣熊的群体。

黑喉芒果蜂鸟
全长约 10 厘米，雄性体色鲜艳，而雌性为了养育后代以及躲避捕食者，体色较暗。

**由大小 275 个瀑布
组成的伊瓜苏大瀑布**

伊瓜苏大瀑布是这一带 275 个
瀑布的总称。瀑布宽幅超过
2700 米，落差最大达 80 米。
附近的土壤是红土，所以瀑布
水多呈褐色。阿根廷和巴西各
自将其列入《世界遗产名录》。

斯里兰卡的红雨

是来自宇宙的生命体吗？

其结果暗示，制造红雨的『嫌疑人』竟然可能是地球外的生命体……

科学家向这一在公元前就在世界各地有记录的怪现象发起挑战。

雨本来是无色透明的，然而怪事多发，红雨轻易打破了这个常识。

斯里兰卡中部的农村，雨一连下了好几天，一天早上，突然变成血一样的红色。宁静的田野、街道、家家户户的屋檐，全被这不吉利的雨淋湿了。

这究竟是怎么回事？人们害怕了。勇敢一点的人认为"这也许有科学研究的价值"，便拿来水桶接雨……

事情发生在 2012 年 11 月 13 日，这片土地上持续下了 45 分钟的红雨。斯里兰卡南部也在 14 至 15 日下了 15 分钟以上的红雨。受这一事态影响，该国卫生部对这种雨进行了分析，结果称"雨中含有叫作囊裸藻的细微藻类，对人体无害"。

但是，一直从事红雨研究的斯里兰卡天文学家钱德拉·维克拉玛辛赫并不认同这一解释。通常雨中都含有各种各样的微生物，若进行进一步细致调查的话，是否会有新的发现呢？在这次天降红雨前后，同一地区还降落过陨石。

雨中含有谜一样的微粒

红雨现象不是现在才开始的。古希腊的叙事诗《伊利亚特》中就有相关描述，之后在爱尔兰、英国、意大利、德国等欧洲国家以及 19 世纪在美国加利福尼亚州都有过记录。

2001 年在印度南部的喀拉拉邦也下过红雨，从 7 月 25 日开始，断断续续持续了 2 个月。

红雨究竟是什么？在显微镜下终于看到

钱德拉·维克拉玛辛赫，天文学家，1939 年出生于斯里兰卡。毕业于剑桥大学，居住在英国，曾任京都大学客座教授，著有多本天文学著作，获得过斯里兰卡国家荣誉奖。现为英国卡迪夫大学教授，白金汉大学宇宙生物学研究中心所长

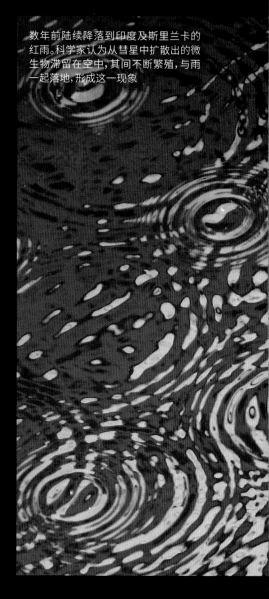

数年前陆续降落到印度及斯里兰卡的红雨。科学家认为从彗星中扩散出的微生物滞留在空中，其间不断繁殖，与雨一起落地，形成这一现象

了 4～10 微米的极小红色粒子，呈生物细胞的形状。这是什么粒子呢？官方的说法是它们来自生长在树皮等地方的藻类，大量繁殖的藻类孢子被释放到大气中，和雨一起落地。

但是有科学家对这一结论持有异议。根据降落到喀拉拉邦的红雨总量换算，红色固体物一共约有 50 吨。会有那么多孢子飘浮在空气中吗？

圣雄甘地大学的戈弗雷·路易斯和桑索什·库马尔关注到，在红雨开始的几小时前，空中发生过很可能是陨石降落的爆炸。2006 年，他们发表了一个假说，认为"造成红雨的微粒，是彗星爆炸所播撒的地球以外的细胞状物质"。

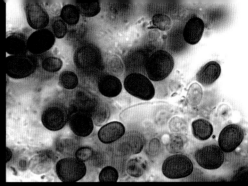

光学显微镜下看到的红雨的细胞粒子。从降落到斯里兰卡的红雨微粒中并没有检测到DNA。这是一种未知的生命吗？

收集到的斯里兰卡红雨。不可思议的雨水想要向我们传达什么呢？

对"有生源说"的验证

该想法源于向宇宙探寻地球生命起源的"有生源说"。

曾长年担任剑桥大学天文研究所所长的宇宙物理学家弗雷德·霍伊尔和他的同事——上文提到的维克拉玛辛赫，在20世纪70年代就提出了一个观点："宇宙中充满了生命，宇宙空间的病毒及微生物搭乘彗星飞向地球。"他们认为"如果地球生命是从零开始诞生的，那么地球46亿的历史实在太短了，时间不够用"，并且认为达尔文的进化论也不过是一个假说而已。

2012 年斯里兰卡的红雨与 2001 年

印度的红雨形态、特征都相同。维克拉玛辛赫持续对此进行分析，2013 年 4 月他发表了自己的发现："在该细胞状物质中，相当于细胞壁的部分存在铀，而且细胞内磷物质较少。"与维克拉玛辛赫共同推进红雨研究的行星学家松井孝典在其著作《斯里兰卡的红雨》中写道：

"存在那样的地球生物吗？应该很少见吧！"

在之后的研究中，从印度的红雨中检测出了 DNA，而且还发现了细胞增生。

这是来访的宇宙生命吗？最近的研究表明，病毒有可能能够承受冲入地球大气层时的冲击和高温。有研究项目利用气球定期收集 20～40 千米上空的微生物

调查其分布与彗星及流星雨的关系。"有生源说"——这一在生物学家中几乎被忽略的假说即将得到检验。

2013 年 9 月，在斯里兰卡又观测到了红雨。下一次会是什么时候，在哪里出现呢？

Q 为什么翼龙灭绝了，而鸟类幸存了下来？

A 6600万年前的白垩纪末，发生了生物大灭绝事件。约70%的物种从地球上消失了，翼龙也同除了鸟类之外的恐龙及菊石类一同灭绝了。同样是在空中飞翔的动物，为什么鸟类没有灭绝呢？有一种说法认为，白垩纪的翼龙只有风神翼龙这样大型的种类。大型动物整体的数量较少，繁殖的后代也偏少。也就是说，体形越大的动物，由于环境的变动惨遭灭绝的风险就越高。而小型动物种类多样，鸟类虽然灭绝了70%，但留下的种类，从新生代一直繁衍到了今天。

Q 除了蛇颈龙和鱼龙，活跃在侏罗纪时期的海洋动物还有什么？

A 在海生爬行类中，能够与蛇颈龙、鱼龙相匹敌的，是繁荣于侏罗纪晚期至白垩纪的海生鳄类，其中，地龙、地蜥鳄、达克龙等是人们所熟知的种类。它们都具备流线型的身体，能够快速游动，从牙齿的形状可知都是凶猛的肉食性动物，可以推测在海生爬行类中也存在"吃与被吃"的关系。除了这些海生爬行类之外还存在软骨鱼类——肉食性鲨鱼等。侏罗纪的海洋中上演着比我们想象的更为激烈的战争。

生存于侏罗纪中期至晚期的海生鳄类地蜥鳄。全长约3米。除了鱼类之外还捕食翼龙等

Q 最小的中生代哺乳类是什么？

A 在中国云南省的侏罗纪早期地层中发现了吴氏巨颅兽化石，头骨大小仅为12毫米，体长约3厘米，体重只有2克，是至今为止发现的最小的中生代哺乳类。吴氏巨颅兽是进化为真哺乳类之前的较为原始的哺乳形类。人们一直认为侏罗纪的哺乳类全是这种小型动物，现在得知还有更大的动物存在，不过，其体重也只有500～800克。进入白垩纪之后，出现了体重超过10千克的哺乳动物，但与当时盛极一时的巨大恐龙相比，哺乳类实在太小了。

侏罗纪时期的哺乳形类吴氏巨颅兽的头骨。这一小小的头骨中隐藏了包括人类在内的哺乳类的进化之谜！

Q 蛇颈龙和恐龙，谁更厉害？

A 侏罗纪早期的蛇颈龙多数体形较小，从侏罗纪晚期进入白垩纪之后，不逊于恐龙的巨大蛇颈龙登场了。侏罗纪的滑齿龙，繁荣于白垩纪早期的克柔龙等，大的全长达12～13米，具有能够咬碎硬物及大东西的强韧下颚和牙齿。作为海洋生态系统的霸主，它们很可能一有机会便捕食飞近海面的翼龙以及陆地上的恐龙。恐龙虽然是陆地霸主，但倘若被蛇颈龙拖入水中作战，恐怕也是没有胜算的。

蛇颈龙怒视翼龙的想象图。事实上，从化石中已经得知蛇颈龙会捕食翼龙

这套书一言以蔽之就是"大"：开本大，拿在手里翻阅非常舒适；规模大，有 50 个循序渐进的专题，市面罕见；团队大，由数十位日本专家倾力编写，又有国内专家精心审定；容量大，无论是知识讲解还是图片组配，都呈海量倾注。更重要的是，它展现出的是一种开阔的大格局、大视野，能够打通过去、现在与未来，培养起孩子们对天地万物等量齐观的心胸。

面对这样卷帙浩繁的大型科普读物，读者也许一开始会望而生畏，但是如果打开它，读进去，就会发现它的亲切可爱之处。其中的一个个小版块饶有趣味，像《原理揭秘》对环境与生物形态的细致图解，《世界遗产长廊》展现的地球之美，《地球之谜》为读者留出的思考空间，《长知识！地球史问答》中偏重趣味性的小问答，都缓解了全书讲述漫长地球史的厚重感，增加了亲切的临场感，也能让读者感受到，自己不仅是被动的知识接受者，更可能成为知识的主动探索者。

在 46 亿年的地球史中，人类显得非常渺小，但是人类能够探索、认知到地球的演变历程，这就是超越其他生物的伟大了。

——清华大学附属中学校长

纵观整个人类发展史，科技创新始终是推动一个国家、一个民族不断向前发展的强大力量。中国是具有世界影响力的大国，正处在迈向科技强国的伟大历史征程当中，青少年作为科技创新的有生力量，其科学文化素养直接影响到祖国未来的发展方向，而科普类图书则是向他们传播科学知识、启蒙科学思想的一个重要渠道。

"46 亿年的奇迹：地球简史"丛书作为一套地球百科全书，涵盖了物理、化学、历史、生物等多个方面，图文并茂地讲述了宇宙大爆炸至今的地球演变全过程，通俗易懂，趣味十足，不仅有助于拓展广大青少年的视野，完善他们的思维模式，培养他们浓厚的科研兴趣，还有助于养成他们面对自然时的那颗敬畏之心，对他们的未来发展有积极的引导作用，是一套不可多得的科普通识读物。

——河北衡水中学校长

"46 亿年的奇迹：地球简史"值得推荐给我国的少年儿童广泛阅读。近 20 年来，日本几乎一年出现一位诺贝尔奖获得者，引起世界各国的关注。人们发现，日本极其重视青少年科普教育，引导学生广泛阅读，培养思维习惯，激发兴趣。这是一套由日本科学家倾力编写的地球百科全书，使用了海量珍贵的精美图片，并加入了简明的故事性文字，循序渐进地呈现了地球 46 亿年的演变史。把科学严谨的知识学习植入一个个恰到好处的美妙场景中，是日本高水平科普读物的一大特点，这在这套丛书中体现得尤为鲜明。它能让学生从小对科学产生浓厚的兴趣，并养成探究问题的习惯，也能让青少年对我们赖以生存、生活的地球形成科学的认知。我国目前还没有如此系统性的地球史科普读物，人民文学出版社和上海九久读书人联合引进这套书，并邀请南京古生物博物馆馆长冯伟民先生及其团队审稿，借鉴日本已有的科学成果，是一种值得提倡的"拿来主义"。

——华中师范大学第一附属中学校长

周鹏程

青少年正处于想象力和认知力发展的重要阶段，具有极其旺盛的求知欲，对宇宙星球、自然万物、人类起源等都有一种天生的好奇心。市面上关于这方面的读物虽然很多，但在内容的系统性、完整性和科学性等方面往往做得不够。"46 亿年的奇迹：地球简史"这套丛书图文并茂地详细讲述了宇宙大爆炸至今地球演变的全过程，系统展现了地球 46 亿年波澜壮阔的历史，可以充分满足孩子们强烈的求知欲。这套丛书值得公共图书馆、学校图书馆乃至普通家庭收藏。相信这一套独特的丛书可以对加强科普教育、夯实和提升我国青少年的科学人文素养起到积极作用。

——浙江省镇海中学校长

人类文明发展的历程总是闪耀着科学的光芒。科学，无时无刻不在影响并改变着我们的生活，而科学精神也成为"中国学生发展核心素养"之一。因此，在科学的世界里，满足孩子们强烈的求知欲望，引导他们的好奇心，进而培养他们的思维能力和探究意识，是十分必要的。

　　摆在大家眼前的是一套关于地球的百科全书。在书中，几十位知名科学家从物理、化学、历史、生物、地质等多个学科出发，向孩子们详细讲述了宇宙大爆炸至今地球46亿年波澜壮阔的历史，为孩子们解密科学谜题、介绍专业研究新成果，同时，海量珍贵精美的图片，将知识与美学完美结合。阅读本书，孩子们不仅可以轻松爱上科学，还能激活无穷的想象力。

　　总之，这是一套通俗易懂、妙趣横生、引人入胜而又让人受益无穷的科普通识读物。

——东北育才学校校长

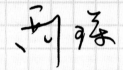

　　读"46亿年的奇迹：地球简史"，知天下古往今来之科学脉络，激我拥抱世界之热情，养我求索之精神，蓄创新未来之智勇，成国家之栋梁。

——南京师范大学附属中学校长

　　我们从哪里来？我们是谁？我们要到哪里去？遥望宇宙深处，走向星辰大海，聆听150个故事，追寻46亿年的演变历程。带着好奇心，开始一段不可思议的探索之旅，重新思考人与自然、宇宙的关系，再次体悟人类的渺小与伟大。就像作家特德·姜所言："我所有的欲望和沉思，都是这个宇宙缓缓呼出的气流。"

——成都七中校长

易国栋

看到这套丛书的高清照片时，我内心激动不已，思绪倏然回到了小学课堂。那时老师一手拿着篮球，一手举着排球，比画着地球和月球的运转规律。当时的我费力地想象神秘的宇宙，思考地球悬浮其中，为何地球上的江河海水不会倾泻而空？那时的小脑瓜虽然困惑，却能想及宇宙，但因为想不明白，竟不了了之，最后更不知从何时起，还停止了对宇宙的遐想，现在想来，仍是惋惜。我认为，孩子们在脑洞大开、想象力丰富的关键时期，他们应当得到睿智头脑的引领，让天赋尽启。这套丛书，由日本知名科学家撰写，将地球46亿年的壮阔历史铺展开来，极大地拉伸了时空维度。对于爱幻想的孩子来说，阅读这套丛书将是一次提升思维、拓宽视野的绝佳机会。

——广州市执信中学校长

　　这是一套可作典藏的丛书：不是小说，却比小说更传奇；不是戏剧，却比戏剧更恢宏；不是诗歌，却有着任何诗歌都无法与之比拟的动人深情。它不仅仅是一套科普读物，还是一部创世史诗，以神奇的画面和精确的语言，直观地介绍了地球数十亿年以来所经过的轨迹。读者自始至终在体验大自然的奇迹，思索着陆地、海洋、森林、湖泊孕育生命的历程。推荐大家慢慢读来，应和着地球这个独一无二的蓝色星球所展现的历史，寻找自己与无数生命共享的时空家园与精神归属。

——复旦大学附属中学校长

地球是怎样诞生的，我们想过吗？如果我们调查物理系、地理系、天体物理系毕业的大学生，有多少人关心过这个问题？有多少人猜想过可能的答案？这种猜想和假说是怎样形成的？这一假说本质上是一种怎样的模型？这种模型是怎么建构起来的？证据是什么？是否存在其他的假说与模型？它们的证据是什么？哪种模型更可靠、更合理？不合理处是否可以修正、如何修正？用这种观念解释世界可以为我们带来哪些新的视角？月球有哪些资源可以开发？作为一个物理专业毕业、从事物理教育 30 年的老师，我被这套丛书深深吸引，一口气读完了 3 本样书。

学会用上面这种思维方式来认识世界与解释世界，是科学对我们的基本要求，也是科学教育的重要任务。然而，过于功利的各种应试训练却扭曲了我们的思考。坚持自己的独立思考，不人云亦云，是每个普通公民必须具备的科学素养。

从地球是如何形成的这一个点进行深入的思考，是一种令人痴迷的科学训练。当你读完全套书，经历 150 个节点训练，你已经可以形成科学思考的习惯，自觉地用模型、路径、证据、论证等术语思考世界，这样你就能成为一个会思考、爱思考的公民，而不会是一粒有知识无智慧的沙子！不论今后是否从事科学研究，作为一个公民，在接受过这样的学术熏陶后，你将更有可能打牢自己安身立命的科学基石！

——上海市曹杨第二中学校长

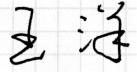

强烈推荐"46 亿年的奇迹：地球简史"丛书！

本套丛书跨越地球 46 亿年浩瀚时空，带领学习者进入神奇的、充满未知和想象的探索胜境，在宏大辽阔的自然演化史实中追根溯源。丛书内容既涵盖物理、化学、历史、生物、地质、天文等学科知识的发生、发展历程，又蕴含人类研究地球历史的基本方法、思维逻辑和假设推演。众多地球之谜、宇宙之谜的原理揭秘，刷新了我们对生命、自然和科学的理解，会让我们深刻地感受到历史的瞬息与永恒、人类的渺小与伟大。

——上海市七宝中学校长

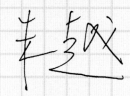

著作权合同登记号 图字01-2020-1214　01-2020-1053　01-2020-1054　01-2020-1055

Chikyu 46 Oku Nen No Tabi 21 Kyouryuu Jidai Tourai；
Chikyu 46 Oku Nen No Tabi 22 Honyuurui No Toujou；
Chikyu 46 Oku Nen No Tabi 23 Kyodai Kyouryuu Ga Arawareta；
Chikyu 46 Oku Nen No Tabi 24 Sora To Umi No Hasha Kubinagaryuu To Yokuryuu No Ryuusei；
©Asahi Shimbun Publication Inc. 2014
Originally Published in Japan in 2014
by Asahi Shimbun Publication Inc.
Chinese translation rights arranged with Asahi Shimbun Publication Inc.
through TOHAN CORPORATION, TOKYO.

图书在版编目（CIP）数据

显生宙. 中生代. 1 / 日本朝日新闻出版著；贺璐
婷, 北昃, 李波译. -- 北京：人民文学出版社, 2021(2024.1重印)
（46亿年的奇迹：地球简史）
ISBN 978-7-02-016107-2

Ⅰ.①显… Ⅱ.①日… ②贺… ③北… ④李… Ⅲ.
①中生代—普及读物 Ⅳ.①P534.4-49

中国版本图书馆CIP数据核字(2020)第026530号

总　策　划　黄育海
责任编辑　卜艳冰　胡晓明
装帧设计　汪佳诗　钱　珺　李苗苗

出版发行　人民文学出版社
社　　　址　北京市朝内大街166号
邮政编码　100705

印　　　制　凸版艺彩(东莞)印刷有限公司
经　　　销　全国新华书店等

字　　　数　220千字
开　　　本　965毫米×1270毫米　1/16
印　　　张　9
版　　　次　2021年1月北京第1版
印　　　次　2024年1月第7次印刷

书　　　号　978-7-02-016107-2
定　　　价　115.00元

如有印装质量问题, 请与本社图书销售中心调换。电话:010-65233595